공기업

기출변형문제집 | 최신 경향 문제 수록

기계의 진리

─┤ 공기업 기계직 전공필기 연구소 지음 ├─

BM (주)도서출판 성안당

들어가며

　현재 시중에는 공기업 기계직과 관련된 전공 기출 문제집이 많지 않습니다. 이에 따라 시험을 준비하고 있는 사람들은 기사 문제나 여러 공무원 기출 문제 등을 통해 공부하고 있어서 공기업 기계직 시험에서 자주 출제되는 중요한 포인트를 놓칠 수 있습니다. 이에 필자는 공기업 기계직 시험을 직접 응시하여 최신 경향을 파악하고 있고, 이를 바탕으로 문제집을 만들고 있습니다.

　최근 공기업 기계직 전공 시험 문제는 개념을 정확하게 알고 있는가, 정의를 정확하게 이해하고 있는가에 중점을 두고 출제되고 있습니다. 이에 따라 본서는 자주 등장하는 중요 역학 정의 문제와 단순한 암기가 아닌 이해를 통한 해설로 장기적으로 기억될 뿐만 아니라 향후 면접에도 도움이 될 수 있도록 문제집을 만들었습니다.

[이 책의 특징]

● 최신 경향 기출문제 수록
　저자가 직접 시험에 응시하여 문제를 풀어보고 이를 바탕으로 한 100 % 기출 문제를 수록했습니다. 공기업 기계직 시험에 완벽히 대비할 수 있도록 해설에는 관련된 모든 이론, 실수할 수 있는 부분, 암기법 등을 수록했습니다. 또한, 중요 문제는 응용할 수 있도록 문제를 변형하여 출제했습니다.

● 모의고사 2회, 질의응답, 필수이론, 3역학 공식 모음집 수록
　최신 기술문제뿐만 아니라 공기업 기계직 시험에 더욱더 대비할 수 있도록 모의고사 2회를 수록하였습니다. 또한, 여러 이론을 쉽게 이해할 수 있도록 질의응답과 자주 출제되는 필수 이론을 수록하여 중요한 개념을 숙지할 수 있도록 하였습니다. 마지막으로 3역학 공식 모음집을 수록하여 공식을 쉽게 익힐 수 있도록 하였습니다.

● 변별력 있는 문제 수록
　중앙공기업보다 지방공기업의 전공 시험이 난이도가 더 높습니다. 따라서 중앙공기업 전공 시험의 변별력 문제뿐만 아니라 지방공기업의 전공 시험에 대비할 수 있도록 실제 출제된 변별력 있는 문제를 다수 수록했습니다.

　공기업 기계직 기출문제집 [기계의 진리 시리즈]를 통해 전공 시험에서 큰 도움이 되었으면 합니다. 모두 원하시는 목표 꼭 성취할 수 있기를 항상 응원하겠습니다.

– 저자 장태용

중앙공기업 vs. 지방공기업

저자는 과거 중앙공기업에 입사하여 근무했지만 개인적으로 가치관 및 우선순위가 맞지 않아 퇴사하고 다시 지방공기업에 입사했습니다. 중앙공기업과 지방공기업을 직접 경험해 보았기 때문에 각각의 장단점을 명확하게 파악하고 있습니다.

중앙공기업과 지방공기업의 장단점은 다음과 같이 명확합니다.

중앙공기업(메이저 공기업 기준)	지방공기업(서울시 및 광역시 산하)

[장점]
• 대기업에 버금가는 고연봉
• 높은 연봉 상승률
• 사기업 대비 낮은 업무 강도
  (다만 부서마다 업무 강도가 다름)
• 지방 근무는 대부분 사택 제공
	[장점]
	• 연고지 근무에 따른 만족감 상승
	• 평균적으로 낮은 업무 강도 및 워라벨
	  (다만 부서 및 업무에 따라 다름)
	• 지방 근무는 대부분 사택 제공

[단점] • 순환 근무 및 비연고지 근무	**[단점]** • 중앙공기업에 비해 낮은 연봉 • 중앙공기업에 비해 낮은 연봉 상승률

어떤 회사든 자신이 원하는 가치관을 모두 보장할 수는 없지만, 우선순위를 3~5개 정도 파악해서 가장 근접한 회사를 찾아 그에 맞는 목표를 설정하는 것이 매우 중요합니다.

"

가치관과 **우선순위**에 맞는 **목표** 설정!!

"

효율적인 공부방법

1. 일반기계기사 과년도 기출문제를 먼저 풀고, 보기와 문제를 모두 암기하여 어떤 형식으로 문제가 출제되는지 파악하기
2. 과년도 기출문제와 관련된 이론을 모두 암기하기
3. 일반기계기사의 모든 이론을 꼼꼼히 암기하기
4. 위 과정을 적어도 2~3회 반복하여 정독하기

1. 과년도 기출문제만 풀고 암기하는 분들이 간혹 있습니다. 하지만 이러한 방법은 기사 자격증 시험 합격에는 무리가 없지만, 공기업 전공시험을 통과하는 데에는 그리 큰 도움이 되지 않습니다.

2. 여러 책을 참고하고, 공기업 기출문제로 어떤 것이 출제되었는지 확인하여 부족한 부분과 새로운 개념을 익힙니다.

3. 각종 공무원 7, 9급 기계공작법, 기계설계, 기계일반 기출문제를 풀어보고 모두 암기합니다.

4. 문제 풀이방과 저자가 운영하는 블로그를 적극 활용하며 백지 암기방법을 사용합니다. 또한, 요즘은 역학의 기본 정의에 관한 문제가 많이 출제되니 역학에 대해 확실히 대비해야 합니다.

5. 암기 과목에서 50%는 이해, 50%는 암기해야 하는 내용들로 구성되어 있다고 생각합니다. 예를 들어 주철의 특징, 순철의 특징, 탄소 함유량이 증가하면 발생하는 현상, 마찰차 특징, 냉매의 구비조건 등 무수히 많은 개념들은 이해를 통해 자연스럽게 암기할 수 있습니다.

6. 전공은 한 번 공부할 때 원리와 내용을 제대로 공부하세요. 세 가지 이점이 있습니다.
   - 면접 때 전공과 관련된 질문이 나오면 남들보다 훨씬 더 명확한 답변을 할 수 있습니다.
   - 향후 취업을 하더라도 자격증 취득과 관련된 자기 개발을 할 때 큰 도움이 됩니다.
   - 인생은 누구도 예측할 수 없습니다. 취업을 했더라도 가치관이 맞지 않거나 자신의 생각과 달라 이직할 수도 있습니다. 처음부터 제대로 준비했다면 그러한 상황에 처했을 때 이직하기가 수월할 것입니다.

1 시험에 대한 자세와 습관

쉽지만 틀리는 경우가 다반사입니다. 실제로 저자도 코킹과 플러링 문제를 틀린 적이 있습니다. 기밀만 보고 바로 코킹으로 답을 선택했다가 틀렸습니다. 따라서 쉽더라도 문제를 천천히 꼼꼼하게 읽는 습관을 길러야 합니다.

그리고 단위는 항상 신경써서 문제를 풀어야 합니다. 문제가 요구하는 답이 mm인지 m인지, 주어진 값이 지름인지 반지름인지 문제를 항상 꼼꼼하게 읽어야 합니다.

이러한 습관만 잘 기르면 실전에서 전공점수를 올릴 수 있습니다.

2 암기 과목 문제부터 풀고 계산 문제로 넘어가기

보통 시험은 대부분 암기 과목 문제와 계산 문제가 순서에 상관없이 혼합되어 출제됩니다. 그래서 보통 암기 과목 문제를 풀고 그 다음 계산 문제를 풉니다. 실전에서 실제로 이렇게 문제를 풀면 "아~ 또 뒤에 계산 문제가 있네" 하는 조급한 마음이 생겨 쉬운 암기 과목 문제도 틀릴 수 있습니다.

따라서 암기 과목 문제를 풀면서 계산 문제는 별도로 ◯ 표시를 해 둡니다. 그리고 암기 과목 문제를 모두 푼 다음, 그때부터 계산 문제를 풀면 됩니다. 이 방법으로 문제 풀이를 하면 계산 문제를 푸는 데 속도가 붙을 것이고, 정답률도 높아질 것입니다.

위의 두 가지 방법은 저자가 수많은 시험을 응시하면서 시행착오를 겪고 얻은 노하우입니다. 위의 방법으로 습관을 기른다면 분명히 좋은 시험 성적을 얻을 수 있으리라 확신합니다.

시험의 난이도가 어렵든 쉽든 항상 90점 이상을 확보할 수 있도록 대비하면 필기시험을 통과하는 데 큰 힘이 될 것입니다. 꼭 열심히 공부해서 90점 이상 확보하여 좋은 결과 얻기를 응원하겠습니다.

차 례

- 들어가며
- 목표설정
- 공부방법
- 점수 올리기

Truth of Machine

01

2019 하반기
서울시설공단 기출문제

1문제당 2점 / 점수 [   ]점

01 다음 보기는 모두 목재의 처리방법에 관한 것이다. 이들 중 처리의 목적이 다른 것은?

① 자재법   ② 도포법   ③ 침투법

④ 자비법   ⑤ 충전법

• 정답 풀이 •

자재법은 목제의 건조법에 해당하며 나머지는 방부법이다. '재'가 들어가면 모두 건조법으로 알아 두자.

참고

[목재의 건조법]

자연건조법: 야적법(외부에 방치하여 자연건조), 가옥적법(판재 건조에 적합)

인공건조법: 침재법, 자재법, 증재법, 훈재법, 열풍건조법 등

- **침수시즈닝(침재법):** 벌레가 꼬이는 것을 방지하기 위해 수중에 10일 정도 담가 양분을 빼낸 후 건조하는 방법이다.
- **자재법:** 용기에 넣고 쪄서 건조하는 방법이다.
- **증재법:** 스팀으로 건조하는 방법이다.
- **훈재법:** 연기로 건조하는 방법이다.

[목재의 방부법]

- **도포법:** 목재 표면에 페인트를 도포하거나 크레졸유를 주입하는 방법이다.
- **충전법:** 목재에 구멍을 뚫어 방부제를 넣어 놓는 방법이다.
- **자비법:** 방부제를 끓여 목재에 침투시키는 방법이다.
- **침투법:** 목재에 염화아연, 황산동 수용액을 흡수시키는 방법이다.

[필독] 목재의 일반적인 수분 함유량은 30~40%이며, 건조해서 10% 이하로 사용하게 된다. 또한, 목재는 수분이 적어야 하므로 건조한 겨울철에 벌채한다.

정답 01. ①

02 다음 보기의 금속 중 상온에서 격자의 구조가 <u>다른</u> 것은?

① 리튬(Li) ② 텅스텐(W) ③ 몰리브덴(Mo)
④ 바나듐(V) ⑤ 니켈(Ni)

・정답 풀이・

체심입방격자(BCC)	면심입방격자(FCC)	조밀육방격자(HCP)
Li, Na, Cr, W, V, Mo, α-Fe, δ-Fe	Al, Ca, Ni, Cu, Pt, Pb, γ-Fe	Be, Mg, Zn, Cd, Ti, Zr
강도 우수, 전연성 작음, 용융점 높음	강도 약함, 전연성 큼, 가공성 우수	전연성 작음, 가공성 나쁨

구 분	체심입방격자(BCC)	면심입방격자(FCC)	조밀육방격자(HCP)
원자 수	2	4	2
배위 수	8	12	12
인접 원자 수	8	12	12
충전율	68%	74%	74%

참고 Co는 α-Co[조밀육방격자], β-Co[면심입방격자]이다.

03 스테인리스강의 최고 단조 온도와 구리의 단조 완료 온도의 차이는 다음 보기 중 어느 것인가?

① 100℃ ② 200℃ ③ 400℃
④ 600℃ ⑤ 800℃

・정답 풀이・

단조재료	최고 단조 온도(℃)	단조 완료 온도(℃)	단조재료	최고 단조 온도(℃)	단조 완료 온도(℃)
STS강	1,300	900	스프링강	1,200	900
Cr-Ni강	1,200	850	니켈청동	850	700
Ni강	1,200	850	인청동	600	400
탄소강	1,100~1,300	800	두랄루민	550	400
탄소강 잉곳	1,200	800	황동	750~850	500~700
고속도강	1,250	950	동(구리)	800	700
특수강 잉곳	1,200	800	크롬강	1,200	850

∴ 스테인리스강의 최고 단조 온도와 구리의 단조 완료 온도의 차이 = $1,300 - 700 = 600$℃

정답 02. ⑤ 03. ④

04 다음 보기 중 수나사의 유효지름을 계산하기 위한 방법은 어느 것인가?

① 편위법　　　　　　② 영위법　　　　　　③ 치환법
④ 삼침법　　　　　　⑤ 촉진법

· 정답 풀이 ·

[유효지름 측정방법]
- **나사마이크로미터** : 나사의 유효지름을 측정하는 마이크로미터로 V형 엔빌과 원추형 조 사이에 가공된 나사를 넣고 측정한다.
- **삼침법** : 가장 정밀도가 높은 방법으로, 지름이 같은 3개의 와이어를 나사산에 대고 와이어의 바깥쪽을 마이크로미터로 측정한다. 삼침법이 적용되는 나사는 미터나사, 유니파이나사이다.

[삼침법에 의한 나사의 유효지름 측정 공식]

$$d_e(\text{유효지름}) = M - 3d + 0.866025p$$

[여기서, M : 마이크로미터 읽음값, d : 와이어의 지름, p : 나사의 피치]

[유효지름을 측정할 수 있는 방법]
삼침법, 나사마이크로미터, 나사게이지, 공구현미경, 나사용 버니어캘리퍼스, 만능측정기, 투영기 등

05 다음 보기 중 연속형 칩이 발생하는 조건과 관계가 먼 것은?

① 극연강, 알루미늄 합금 등의 재료를 고속으로 절삭할 때
② 유동성이 있는 절삭유를 사용할 때
③ 공구 상면 경사각이 클 때
④ 절삭속도가 빠를 때
⑤ 절삭깊이가 클 때

· 정답 풀이 ·

유동형 칩	전단형 칩	열단형 칩(경작형)	균열형 칩
연성재료(연강, 구리, 알루미늄)를 고속으로 절삭할 때, 윗면 경사각이 클 때, 절삭깊이가 작을 때, 유동성이 있는 절삭유를 사용할 때 발생하는 연속적이며 가장 이상적인 칩	연성재료를 저속절삭할 때, 윗면 경사각이 작을 때, 절삭깊이가 클 때 발생하는 칩	점성재료, 저속절삭, 작은 윗면 경사각, 절삭깊이가 클 때 발생하는 칩	주철과 같은 취성재료를 저속으로 절삭할 때 진동 때문에 날 끝에 작은 파손이 생겨 채터가 발생할 확률이 크다.

정답 04. ④　05. ⑤

06 다음 중 카바이드를 이용한 아세틸렌 가스의 제조 시 일어나는 화학반응과 관계없는 화합물은?

① H_2 ② CaC_2 ③ H_2O

④ C_2H_2 ⑤ $Ca(OH)_2$

• 정답 풀이 •

탄화칼슘은 화학식이 CaC_2로, 탄소와 칼슘이 결합된 물질이다. 칼슘 카바이드 또는 카바이드라고 불린다. 생석회(산화칼슘 CaO)와 탄소 성분을 혼합하여 높은 온도에서 가열하면 만들어진다.
$CaO + 3C \rightarrow CaC_2 + CO$. 일반적으로 탄산칼슘($CaCO_3$)이 주성분인 원료 석회석을 석탄 코크스를 혼합해 높은 온도로 가열하면 석회석이 열분해되어 생석회가 만들어지고 그 생석회가 탄소 덩어리인 코크스와 반응하여 탄화칼슘이 만들어진다. 통상, 탄화칼슘은 비교적 싸고 구하기 쉽고 다루기 쉬운 화학물질로, 물과 반응시켜 아세틸렌가스 C_2H_2를 얻는 데 주로 사용한다.
$CaC_2 + 2H_2O \rightarrow Ca(OH)_2 + C_2H_2$. 아세틸렌가스는 산소와 혼합하여 태우면 많은 열을 내어 3,000°C 이상을 얻어 용접에 사용하기도 한다.

참고

[아세틸렌 제조방법]
• **주수식**: 카바이드에 물을 주입하는 방식으로 불순가스 발생량이 많다.
• **침지식**: 물과 카바이드를 소량씩 접촉하는 방식으로 위험성이 크다.
• **투입식**: 물에 카바이드를 넣는 방식으로 대량 생산에 적합하다.

[아세틸렌 용기 압력 기준]
• **내압시험압력**: 최고충전압력의 3배
• **기밀시험압력**: 최고충전압력의 1.8배

07 다음 중 품질 좋은 주물을 얻기 위해 주형에 주입하는 표준온도가 가장 낮은 금속은?

① 주철   ② 경합금   ③ 황동

④ 청동   ⑤ 주강

• 정답 풀이 •

[쇳물의 주입온도]

경합금	청동	황동	주철	주강
700도 내외	약 1,100도	약 1,000도	약 1,300도	약 1,500도

정답 06. ①   07. ②

08 다음 설명 중 절삭가공 시 구성인선(빌트업 에지)의 방지를 위한 방법과 거리가 먼 것은?

① 절삭 깊이를 작게 한다.　　　　　　② 경사각을 30° 이하로 작게 한다.
③ 윤활성 있는 절삭제를 사용한다.　　④ 공구의 인선을 날카롭게 한다.
⑤ 절삭 속도를 분당 120m 이상으로 크게 한다.

· 정답 풀이 ·

[구성인선(빌트업 에지)]
날 끝에 칩이 달라붙어 마치 절삭날의 역할을 하는 현상
· 구성인선이 발생하면, 날 끝에 칩이 달라붙어 날 끝이 울퉁불퉁하다. 따라서 표면을 거칠게 하거나 동력손실을 유발할 수 있다.
· 구성인선 방지법은 절삭속도는 크게, 절삭깊이는 작게, 윗면 경사각은 크게 하고, 마찰계수가 작은 공구를 사용하며, 30° 이상 바이트의 전면 경사각을 크게 하고, 120m/min 이상의 절삭속도를 사용한다. 즉 고속으로 절삭하면 칩이 날 끝에 용착되기 전에 칩이 떨어져 나가고, 절삭깊이가 작으면 그만큼 날 끝과 칩의 접촉면적이 작아져 칩이 날 끝에 용착될 확률이 적어진다. 그리고 윗면 경사각이 커야 칩이 윗면에 충돌하여 붙기 전에 떨어져 나간다.
· 구성인선의 끝단 반경은 실제 공구의 끝단 반경보다 크다. 칩이 용착되어 날 끝의 둥근 부분(노즈)이 커지기 때문이다.
· 일감의 변형경화지수가 클수록 구성인선의 발생 가능성이 커진다.
· 구성인선의 경도값은 공작물이나 정상적인 칩보다 상당히 크다.
· 구성인선은 발생→ 성장→ 분열→ 탈락의 과정을 거친다.
· 구성인선은 공구면을 덮어 공구면을 보호하는 역할을 한다.
· 구성인선을 이용한 절삭방법은 SWC이다. 은백색의 칩을 띠며 절삭저항을 줄일 수 있다.
· 구성인선이 발생하지 않는 임계속도는 120m/min이다.

09 강철의 조직 중 가장 경도(H_B)가 높은 것은?

① 소르바이트　　　　② 펄라이트　　　　③ 오스테나이트
④ 마텐자이트　　　　⑤ 트루스타이트

· 정답 풀이 ·

[탄소강의 기본 조직]
페라이트, 펄라이트, 시멘타이트, 오스테나이트
[여러 조직의 경도 순서]
시멘타이트 > 마텐자이트 > 트루스타이트 > 베이나이트 > 소르바이트 > 펄라이트 > 오스테나이트 > 페라이트
[담금질 조직 경도 순서]
마텐자이트 > 트루스타이트 > 소르바이트 > 오스테나이트
[냉각방법에 따라 얻어지는 조직]
· 급랭: 마텐자이트　　　　　　· 노냉: 펄라이트
· 유냉: 트루스타이트　　　　　· 공랭: 소르바이트

정답 08. ②　09. ④

10 압연가공에서 압하율을 크게 하기 위한 조건으로 적절하지 <u>않은</u> 것은?

① 지름이 큰 롤러를 사용한다.
② 압연재를 앞에서 밀어준다.
③ 압연재의 온도를 높여준다.
④ 롤러의 회전속도를 늦춘다.
⑤ 롤러축에 평행인 홈을 롤러 표면에 만들어 준다.

• 정답 풀이 •

$$압하율 = \frac{H_0 - H}{H_0} \times 100\%$$

여기서, H_0 : 통과 전 두께, H : 통과 후 두께

[압하율을 크게 하는 방법]
• 지름이 큰 롤러를 사용한다.
• 롤러의 회전속도를 늦춰 롤러의 자중이 그대로 판재에 오래 작용하게끔 한다.
• 소재(압연재)의 온도를 높인다.
• 압연재를 뒤에서 밀어준다.
• 롤축에 평행인 홈을 롤 표면에 만들어준다.
• 마찰계수를 크게 한다.

✓ **중립점**(Non Slip Point, 등속점)은 롤러의 회전속도와 소재의 통과속도가 같아지는 점을 말한다.
중립점은 마찰계수가 클수록 입구에 가까워지게 되며, 중립점에서 최대압력이 발생하게 된다.

11 프레스가공을 전단가공, 굽힘·성형가공, 그리고 압축가공으로 분류하는 경우 다음 보기 중 압축 가공에 포함되지 <u>않는</u> 것은?

① 압인(coining)　　　　② 엠보싱(embossing)　　　　③ 시밍(seaming)
④ 스웨이징(swaging)　　⑤ 버니싱(burnishing)

• 정답 풀이 •

[프레스 가공의 분류]
• **전단가공** : 블랭킹, 펀칭, 전단, 트리밍, 셰이빙, 노칭, 정밀블랭킹(파인블랭킹), 분단
• **굽힘가공** : 형굽힘, 롤굽힘, 폴더굽힘
• **성형가공** : 스피닝, 시밍, 컬링, 플랜징, 비딩, 벌징, 마폼법, 하이드로폼법
• **압축가공** : 코이닝(압인가공), 엠보싱, 스웨이징, 버니싱
　− 스웨이징 : 반지름 방향 운동의 단조방법
　− 플랜징 : 소재의 단부를 직각으로 굽히는 공정

12 다음 보기의 금속 중 재결정온도가 가장 높은 것은?

① 니켈(Ni)　　　　　② 구리(Cu)　　　　　③ 철(Fe)

④ 아연(Zn)　　　　　⑤ 알루미늄(Al)

• 정답 풀이 •

금속	Fe	Ni	Au	Ag	Cu	Al
재결정온도(℃)	450	600	200	200	200	180
금속	W	Pt	Zn	Pb	Mo	Sn
재결정온도(℃)	1,000	450	18	−3	900	−10

- **재결정의 정의**: 회복온도에서 더 가열하게 되면, 내부 응력이 제거되고 새로운 결정핵이 결정 경계에 나타난다. 그리고 이 결정이 성장하여 새로운 결정으로 연화된 조직을 형성하는 것을 말한다.
- **회복**: 가공경화된 금속을 가열하면 할수록 특정 온도 범위에서 내부 응력이 완화된다. 즉, 냉간 가공한 재료를 가열하면 내부응력이 제거되는 것을 말한다.
- **재결정온도**: 1시간 안에 95% 이상의 재결정이 생기도록 가열하는 온도

[재결정]
- 재결정온도 이상에서의 소성가공을 열간가공이라고 한다.
- 재결정온도 T_r은 그 금속의 융점 T_m에 대하여 대략 $(0.3\sim0.5)\,T_m$이다(여기서, T_r, T_m은 절대온도).
- 재결정은 재료의 연신율을 증가시키고 강도를 저하시킨다.
- 재결정온도 이상으로 장시간 유지할 경우 결정립이 커진다.
- 가공도가 큰 재료는 재결정온도가 낮다. 그 이유는 재결정온도가 낮으면 바로 재결정이 이루어진다는 의미이고, 새로운 결정은 무른 상태여서 외력에 의해 가공이 용이하기 때문이다.

13 다음 보기의 공작기계 중 절삭운동을 하는 대상이 다른 것은?

① 슬로터　　　　　② 셰이퍼　　　　　③ 플레이너

④ 밀링머신　　　　⑤ 연삭기

• 정답 풀이 •

연삭기는 절삭운동을 하는 대상이 숫돌이다. 나머지 슬로터, 셰이퍼, 플레이너, 밀링머신은 절삭운동을 하는 대상이 절삭공구(커터 등)이다.

14 다음 중 납땜 시 사용하는 용제 중 붕사와 혼합하여 주철 납땜에 주로 사용하며 탈탄제로 작용하여 주철면의 흑연을 산화시켜 납땜을 용이하게 하는 것은?

① 염산(HCl) ② 염화아연($ZnCl_2$) ③ 산화제1구리(Cu_2O)
④ 염화나트륨($NaCl$) ⑤ 염화암모늄(NH_4Cl)

⋅ **정답 풀이** ⋅

[**납땜**]: 접합하려고 하는 금속을 용융시키지 않고, 이들 금속 사이에 모재보다 용융점이 낮은 땜납을 용융 첨가하여 접합하는 방법이다. 땜납은 모재보다 용융점이 낮아야 하며, 표면장력이 적어 모재 표면에 잘 퍼지며, 유동성이 좋아서 틈을 잘 매꿀 수 있어야 한다.

• **연납**: 융점이 450°C 이하인 땜납재를 연납이라고 한다. 연납은 보통 주석, 주석-납, 납 또는 상황에 따라 안티몬, 은, 비소, 비스무트 등을 함유한다. 연납 중에서 가장 많이 사용되는 것이 주석-납 합금이며 이것을 땜납이라고 일컫는다. 연납은 경납에 비해 기계적 강도가 낮으나 용융점이 낮아 납땜이 용이한 장점을 가지고 있다.

• **경납**: 융점이 450°C 이상인 땜납재를 경납이라고 한다. 경납은 연납에 비해 용융점이 높고, 기계적 강도도 좋아 강도를 필요로 하는 곳에 사용된다. 경납의 종류로는 황동납, 은납, 인동납, 니켈납, 알루미늄납 등이 있다.

[**용제(Flux)**]: 용제는 용가제 및 모재 표면의 산화를 방지하고 가열 중에 생성되는 금속 산화물을 녹여 액상화한다. 또한, 땜납을 이음면에 침투시키는 역할을 한다. 따라서, 융점이 땜납보다 낮고, 용제가 산화물로 되었을 때 땜납보다 가벼우며 슬래그의 유동성이 좋고 모재 및 땜납을 부식시키지 않아야 한다.

• **용접용 용제**
 − **염화아연($ZnCl_2$)**: 가장 많이 사용하는 염화아연액을 만들려면, 염산은 사기그릇에 넣고 그 속에 아연을 넣어서 포화용액으로 한다.
 − **염산(HCl)**: 진한 염산을 물로 희석시킨 것으로 아연도금강판의 납땜에 사용된다.
 − **염화암모늄(NH_4Cl)**: 산화물을 염화물로 만드는 작용이 있으며, 염화아연에 혼합하여 사용한다. 이외에 송진, 페이스트, 인산 등도 사용된다.

• **경납용 용제**
 − **붕사**: 융점이 낮은 경납용 용제로 사용되며, 융점은 약 760°C이다. 붕사는 높은 온도로 가열하면 유리 모양이 되는데, 이것은 금속산화물을 용해 및 흡수하는 성질이 있다. 용해 후의 점성이 비교적 높은 결점을 가지고 있으므로, 이 밖에 붕산, 탄산나트륨, 식염 등과 혼합하여 사용된다.
 − **붕산(H_3BO_4)**: 붕산은 백색 결정체로 융점은 약 875°C이다. 산화물의 제거 능력이 약하므로 일반적으로 붕산 70%에 붕사 30% 정도를 혼합하여 철강에 주로 사용된다.
 − **산화제1구리(Cu_2O)**: 납땜 시 사용하는 용제 중 붕사와 혼합하여 주철 납땜에 주로 사용하며 탈탄제로 작용하여 주철면의 흑연을 산화시켜 납땜을 용이하게 한다.
 − **3NaF · AlF_3**: 알루미늄, 나트륨의 불화물이며 불순물의 용해력이 강하다.
 − **식염($NaCl$)**: 융점이 낮고 단독으로 사용하지 못한다. 또한, 부식성이 강해 혼합제로 소량만 사용한다.

• **경금속용 용제**: 마그네슘, 알루미늄과 그 합금의 납땜에서는 모재 표면의 산화물이 대단히 견고하기 때문에 용제는 산화물을 용해하여 슬래그로 제거하기 위해서는 강력한 제거 작용이 필요하다. 대표적인 용제의 성분으로는 염화나트륨, 염화리튬, 염화칼륨, 염화아연, 불화리튬 등이 있고 이것을 적절히 배합하여 사용한다.

정답 **14.** ③

15 주물사 중 생형사에 사용되는 점토 함유량의 일반적인 범위는?

① 5~13% ② 10~25% ③ 20~30%

④ 30~40% ⑤ 40~50%

• 정답 풀이 •

주물사: 주형을 만들기 위해 사용하는 모래로, 원료사에 점결제 및 보조제 등을 배합하여 주형을 만들 때 사용한다.

[주물사의 구비조건]
- 적당한 강도를 가지며 통기성이 좋아야 한다.
- 주물 표면에서 이탈이 용이해야 한다.
- 적당한 입도를 가지며, **열전도성이 불량**하여 보온성이 있어야 한다.
- 쉽게 노화하지 않고 **복용성(값이 싸고 반복하여 여러 번 사용할 수 있음)**이 있어야 한다.

[주물사의 종류]
- **자연사 또는 산사**: 자연현상으로 생성된 모래로, 규석질 모래와 점토질이 천연적으로 혼합되어 있다. 수분을 알맞게 첨가하면 그대로 주물사로 사용이 가능하다. 보통, 규사를 주로 한 모래에 **점토분이 10~15%**인 것을 많이 사용한다. 또한, 내화도 및 반복 사용에 따른 내구성이 낮다.
- **생형사**: 성형된 주형에 탕을 주입하는 주물사로 규사 75~85%, **점토 5~13%** 등과 적당량의 수분이 들어가 있는 산사나 합성사이다. 주로 일반 주철주물과 비철주물의 분야에 사용된다.
- **건조사**: 건조형에 적합한 주형사로, 생형사보다 수분, 점토, 내열제를 많이 첨가한다. 균열 방지용으로 코크스 가루나 숯가루, 톱밥을 배합한다. 주강과 같이 주입온도가 높고, 가스의 발생이 많으며 응고속도가 빠르고 수축률이 큰 금속의 주조에서는 주형의 내화성, 통기성을 요하는 건조형 주물사를 사용한다. 또한, 대형주물이나 복잡하고 정밀을 용하는 주물을 제작할 때 사용한다.
- **코어사**: 코어 제작에 사용하는 주물사로, 규사에 점토나 다른 점결제를 배합한 모래이다. 성형성, 내열성, 통기성, 강도가 우수하다.
- **분리사**: 상형과 하형의 경계면에 사용하며, 점토분이 없는 원형의 세립자를 사용한다.
- **표면사**: 용탕과 접촉하는 주형의 표면부분에 사용한다. 내화성이 커야 하며, 주물 표면의 정도를 고려하여 입자가 작아야 하므로 석탄분말이나 코크스 분말을 점결제와 배합하여 사용한다.
- **이면사**: 표면사 층과 주형 틀 사이에 충전시키는 모래이다. 강도나 내화도는 그리 중요하지 않다. 다만, 통기도가 크고 우수하여 가스에 의한 결함을 방지한다.
- **규사**: 주성분이 SiO_2이며 점토분이 **2% 이하**이다. 점결성이 없는 규석질의 모래이다.
- **비철합금용 주물사**: 내화성, 통기성보다 성형성이 좋으며 소량의 소금을 첨가하여 사용한다.
- **주강용 주물사**: 규사와 점결제를 이용하는 주물사로 내화성과 통기성이 우수하다.

참고

✓ **점토의 노화온도**: 약 600°C
✓ **샌드밀**: 입도를 고르게 갖춘 주물사에 흑연, 레진, 점토, 석탄가루 등을 첨가해서 혼합 반죽처리를 한 후에 첨가물을 고르게 분포시켜 강도, 통기성, 유동성을 좋게 하는 혼합기이다.
✓ **노화된 주물사를 재생하는 처리장치**: 샌드밀, 샌드블랜더, 자기분리기 등

정답 15. ①

16 다음 보기 중 니켈의 특성으로 바르게 기술된 것은?

① 상온에서는 약자성체이다.
② 내식성이 나쁘다.
③ 황산 및 염산에 의해 부식된다.
④ 열전도와 전연성이 나쁘다.
⑤ 알칼리에 대한 저항력이 크다.

• 정답 풀이 •

[니켈의 특징]
• 담금질성을 증가시키며 특수강에 첨가하면 강인성, 내식성, 내산성을 증가시킨다.
• 자기변태점은 $358°C$이며 $358°C$ 이상이 되면 강자성체에서 상자성체로 변한다.
• 니켈은 동소변태를 하지 않고 자기변태만 한다. 오스테나이트 조직을 안정화시킨다[단, 크롬(Cr)은 페라이트 조직을 안정화시킨다].
• 황산 및 염산에 부식되지만, 유기화합물 등 알칼리에는 잘 견딘다.
• 비중 8.9, 용융점 $1,455°C$, 전기저항이 크다.
• 연성이 크고 냉간 및 열간 가공이 쉬우며, 내식성과 내열성이 우수하고 열전도율이 좋다.

	산	알칼리	염기성
청동	X	X	O
마그네슘	X	O	X
알루미늄	X	X	X
니켈	X	O	
강	X	O	

위의 표에서 O는 강함을, X는 약함을 의미한다. 중요하므로 반드시 암기하기를 권한다.

17 다음 보기 중 경강에 사용하는 정(chisel)의 각도의 범위는?

① 5~10° ② 10~20° ③ 20~30°
④ 30~40° ⑤ 60~70°

• 정답 풀이 •

정: 자신보다 약한 재질의 금속을 대상으로 절단하거나 깎아내는 데 사용하는 공구
[정의 날끝 각도]
• 연강일 때: 45~55°
• 주철일 때: 55~60°
• 경강일 때: 60~70°

18 다음 중 표준 드릴 각도 크기의 관계가 바르게 표현된 것은?

① 치즐 에지각 > 선단각 > 비틀림각 > 선단 여유각
② 선단각 > 치즐 에지각 > 비틀림각 > 선단 여유각
③ 치즐 에지각 > 비틀림각 > 선단각 > 선단 여유각
④ 선단 여유각 > 치즐 에지각 > 선단각 > 비틀림각
⑤ 비틀림각 > 치즐 에지각 > 선단각 > 선단 여유각

• 정답 풀이 •

[드릴의 각부 명칭]
- **홈(flute)**: 드릴의 본체 부분에 나선형으로 파인 홈은 칩을 배출시키고 절삭유를 공급받는 통로 역학을 하며, 이 홈은 드릴의 형상에 따라 직선형도 있다.
- **절삭날**: 드릴링 작업에서 가공물을 절삭하는 날 부분이다.
- **사심**: 드릴의 끝부분에서 두 절삭날이 만나는 점이다.
- **날여유면**: 절삭날이 방해를 받지 않고 원활한 드릴링 작업을 하기 위한 여유각으로 보통 10~12°
- **탱(자루)**: 테이퍼자루 끝부분을 납작하게 만든 부분으로, 드릴에 회전력을 전달하는 역할을 한다.
- **생크**: 드릴을 고정시키는 부분이며 직선형과 모스테이퍼형이 있다.
- **마진**: 드릴의 크기를 이 외경으로 정하고, 드릴의 위치를 잡아주는 역할을 한다. 또한, 마진은 드릴의 홈을 따라 좁고 높은 부분을 말한다. 그리고 **예비 날의 역할**을 하며, **날의 강도를 보강**한다.
- **몸통여유**: 마진 부분보다 지름이 작은 부분으로, 구멍뚫기작업을 할 때 일감이 드릴 몸통에 접촉하지 않도록 여유를 둔 부분을 말한다.
- **웨브각**: 홈과 홈 사이의 좁은 단면으로 홈과 홈 사이를 웨브라고 하며 드릴의 척추가 되는 곳이다. 보통 **웨브각을 치즐 에지각이라고도 부르며** 웨브각은 절삭날로부터 치즐 에지가 이루는 각으로 대략 120~135°이다.
- **선단각**: 드릴 끝에서 두 개의 절삭날이 이루는 각으로 날끝각이라고 한다. 표준 드릴의 날끝 각도는 118°이다. 선단각이 너무 크면 이송이 어렵고, 너무 작으면 날끝의 수명이 짧아지므로 공작물의 재질에 따라 선단각을 적절하게 조정해야 한다.
- **비틀림각**: 드릴의 비틀림각은 일반적으로 35°이다.

19 다음 중 냉동기의 압축기에서의 계산에서 압축비가 클 때 장치에 미치는 영향으로 옳은 것은?

① 냉동능력 증대
② 피스톤 마모 감소
③ 토출가스 온도 하강
④ 1냉동톤당 소요동력 감소
⑤ 체적 효율, 압축 효율, 기계 효율 감소

• 정답 풀이 •

[압축비가 클 때 나타나는 현상]
- 압축기에서의 압축일량 증가로 인해 소요동력 증대 및 피스톤 마모 증대
- 체적효율 저하로 냉동능력 감소
- 압축기 토출가스 온도 증가 등

정답 18. ① 19. ⑤

20 밀링머신의 직접분할판을 사용하여 분할하는 방법 중 분할판의 구멍 수가 30개인 경우 직접분할법으로 가능하지 않은 수는?

① 2   ② 3   ③ 4
④ 5   ⑤ 6

• 정답 풀이 •

직접분할법은 24의 약수로 분할하므로 24의 약수에 해당하지 않는 수가 답이다.
24의 약수는 2, 3, 4, 6, 8, 12, 24이므로 해당되지 않는 5가 정답이 된다.

[분할가공 종류]

직접분할법	24등분 구멍이 있어 24의 약수로 분할한다. [1, 2, 3, 4, 6, 8, 12, 24] $x = \dfrac{24}{N}$ [x : 분할판의 구멍열 간격 수, N : 공작물(분할대 주축)의 분할 수]
단식분할법	직접분할법으로 분할할 수 없는 수 또는 분할이 정확해야 할 때 사용한다. 웜과 웜휠형 인덱스 크랭크를 사용하여 분할하고 1회전시킬 때 주축은 1/40 회전을 한다. $n = \dfrac{40}{N}$ [n : 분할크랭크의 회전수, N : 공작물의 등분 분할 수(잇수)] **예** 원주를 13등분 • $n = \dfrac{40}{13} = 3\dfrac{1}{13}$ 이므로 분할크랭크의 회전수 3회전과 1/13회전이 된다. 그리고 1/13회전은 $\dfrac{1}{13} \times \dfrac{3}{3} = \dfrac{3}{39}$ 이므로 39 구멍줄에서 3회전을 하고 13등분이 된다. **예** 원주를 56등분 • 40 이상으로 등분할 때는 분할크랭크의 회전수는 1회전 이하 분수회전이 된다. $n = \dfrac{40}{56} = \dfrac{5}{7} \rightarrow \dfrac{20}{28}$ or $\dfrac{30}{42}$ 분수의 분모는 분할판의 구멍 수가 되며, 분수의 분자는 크랭크가 분할판을 움직이는 구멍 수로 결정된다.
차동분할법	단식분할로 할 수 없는 수를 분할할 때 사용한다. 보통 분할대의 변환기어는 12개로 1,008등분까지 가능하다.
각도분할법	분할크랭크가 1회전 하면 주축은 9° 회전한다. $n = \dfrac{D°}{9}$ [n : 분할크랭크의 회전수, $D°$: 분할하고자 하는 각도] **예** 원주면을 7.5° 분할 • $n = \dfrac{D°}{9} = \dfrac{7.5}{9} = \dfrac{15}{18}$ 이므로 18구멍 분할판에 15구멍씩 이동이 된다.

정답 20. ④

21 용접변형을 방지하기 위한 방법으로 적절하지 <u>않은</u> 것은?

① 억제법(control method)
② 역변형법(predistortion method)
③ 국부 긴장법(local shrinking method)
④ 교정법(reforming method)
⑤ 가열법(heating method)

• 정답 풀이 •

[용접 변형 방지 방법]
• **억제법**: 일감을 가접 또는 지그 홀더 등으로 장착하고 변형의 발생을 억제하는 방법이다. 일감을 조립하는 용접 준비와 함께 많이 이용되는 방법이다. 용접 후 잔류응력을 제거하기 위해 풀림하면 더욱 좋다.
• **역변형법**: 예상되는 용접의 변형을 상쇄할 만큼 큰 변형을 주는 것으로, 용접 전에 반대 방향으로 굽혀 놓고 작업하는 방법을 말한다.
• **냉각 및 가열법**: 변형 부분을 가열한 다음 수랭하면 수축 응력 때문에 다른 부분을 잡아당겨 변형이 경감된다. 이 외에도 용접 중 변형을 방지하는 "가접"과 용접 후 변형을 방지하는 "피닝" 등이 있다.
• **교정법**: 용접변형은 방지할 수 있으면 방지하면 되지만, 대책을 수립해도 허용범위를 넘는 경우가 있다. 이런 경우에는 변형교정법을 이용한다. 즉, 용접변형의 교정방법으로는 소성가공에 의한 프레스나 롤러에 의한 교정법, 선상가열법, 점상가열법이 있다.

22 다음 보기 중 밀링머신의 구성요소와 거리가 먼 것은?

① 칼럼
② 새들
③ 주축
④ 심압대
⑤ 오버 암

• 정답 풀이 •

심압대는 선반의 구성요소이다.
[선반의 주요 구성요소]
• **주축대**: 일감을 지지하며 회전을 주는 곳으로 중공으로 만들어져 있다.
• **심압대**: 공작물을 지지해준다.
• **왕복대**: 베드 위에서 바이트에 가로와 세로의 이송을 준다.
• **베드**: 주축대, 심압대, 왕복대를 받쳐준다.
[밀링머신의 구성요소]
• **주요 구성요소**: 주축, 새들, 칼럼, 오버암 등
• **부속 구성요소**: 아버, 밀링바이스, 분할대, 회전테이블(원형테이블) 등

참고
[주축이 중공으로 만들어진 이유]
• 긴 일감의 가공 편리를 위해
• 굽힘과 비틀림 응력의 강화를 위해
• 무게를 경감시키기 위해

정답 21. ③ 22. ④

23 재료 가공에 사용되는 레이저의 종류 중 파장이 가장 긴 것은?

① YAG   ② CO_2 ③ He-Ne   ④ Ar   ⑤ $CaWO_4$

• 정답 풀이 •

레이저의 종류		파장 영역
고체레이저	YAG	$1.06\mu m$ (적외선)
	$CaWO_4$	$315\sim400nm$
	루비	692.9nm, 694.3nm
기체레이저	He-Ne	634.8nm
	CO_2	$10.6\mu m$ (적외선)
	Ar	488nm

• He-Ne: 방출하는 레이저의 파장은 $3.39\mu m$, $1.15\mu m$, 634.8nm, 543.5nm 4가지가 있는데 대부분의 He-Ne 레이저는 634.8nm의 빛을 발산한다.

헬륨과 네온을 10:1로 섞은 혼합기체를 레이저 물질로 사용한다. 여기서 네온은 레이저 활동을 하며, 헬륨은 네온을 여기시키는 역할을 한다. 보통 고전압에 의해 전극에서 발생되는 전자가 헬륨파의 충돌에 의해 헬륨을 여기시키고, 이 헬륨 원자가 네온과 충돌하여 네온을 여기시킨다. 그리고 네온 원자가 기저상태로 떨어지면서 레이저가 발생한다.

• Ar: 488nm의 파장 영역을 가지고 있다.

• $CaWO_4$(회중석): 유리질, 금강질을 갖는 광물로 자외선을 쪼이면 푸르스름한 흰색 형광빛을 발산한다. 회중석의 화학성분은 $CaWO_4$이며, 정방추 결정을 나타내고 괴상·입상으로 산출된다. 일반적으로 백색으로 반투명한 것이 많다. 텅스텐의 주요 광석으로 장파장의 자외선(315~400nm)으로 청록색을 발하는 특징이 있다.

✓ 형광광물: 자외선을 쪼이면 형광빛이 나는 광물을 형광광물이라고 한다. 짧은 파장의 자외선을 형광광물에 쪼이면 광물을 이루는 원소의 원자가 이 자외선을 흡수하고 긴 파장의 가시광선 에너지로 바꾸어 내보내면서 형광빛이 나타난다. 대표적으로 루비, 형석, 회중석, 암염, 방해석, 애더마이트, 윌레마이트 등이 대표적인 형광광물이다.

24 나사산의 각도 중 옳은 것은?

① 톱니 나사 60°(미터)   ② 미터보통 나사 60°(미터)   ③ 휘트워드 나사 60°(미터)
④ 유니파이 나사 55°(인치)   ⑤ 사다리꼴 미터계 나사 29°(미터)

• 정답 풀이 •

톱니 나사	유니파이 나사	둥근 나사	사다리꼴 나사	미터 나사	관용 나사	휘트워드 나사
30, 45°	60°	30°	미터계 Tr 30° 인치계 Tw 29°	60°	55°	55°

과거 미터계는 TM 나사로 호칭했지만, 이는 폐지되었으며 현재는 Tr 나사로 호칭하고 있다.

정답   23. ②   24. ②

25 다음 주철의 성분 중 탄소의 흑연화를 방해하며 조직을 치밀하게 하고 경도, 강도 및 내열성을 증가시키는 것은?

① 인(P) ② 주석(Sn) ③ 규소(Si)
④ 망간(Mn) ⑤ 황(S)

• 정답 풀이 •

[주철의 조직에 미치는 원소의 영향]

인	쇳물의 유동성을 좋게 하며, 주물의 수축을 작게 한다. 하지만 너무 많이 첨가되면 단단해지고 균열이 생기기 쉽다.
탄소	탄소는 시멘타이트와 흑연 상태로 존재한다. 냉각속도가 느릴수록 흑연화가 쉬우며 규소가 많을수록 흑연화를 촉진시키고 망간이 적을수록 흑연화 방지가 덜 되기 때문에 흑연의 양이 많아진다. 또한, 탄소함유량이 증가할수록 용융점이 감소하여 녹이기 쉬워 주형 틀에 부어 흘려보내기 쉬우므로 주조성이 좋아진다.
규소	규소를 첨가하면 흑연의 발생을 촉진시켜 응고수축이 적어 주조하기 쉬워진다. 조직상 탄소를 첨가하는 것과 같은 효과를 낼 수 있다.
망간	망간은 황과 반응하여 황화망간(MnS)로 되어 황의 해를 제거하며 망간이 1% 이상 함유되면 주철의 질을 강하고 단단하게 만들어 절삭성을 저하시킨다. 수축률이 커지므로 함유량이 1.5% 이상을 넘어서는 안된다. 그리고 적당한 망간을 함유하면 내열성을 크게 할 수 있다.
황	유동성을 나쁘게 하며 주조성을 저하시킨다. 또한, 흑연의 생성을 방해하고 고온취성을 일으킨다. 즉, 취성이 발생하므로 강도가 현저히 감소된다.

참고

• 흑연화 촉진제: Ni, Ti, Co, P, Al, Si
• 흑연화 방지제: Mo, S, Cr, V, Mn, W

26 구름 베어링의 호칭 번호가 6205인 베어링이 있다. 이 베어링의 안지름은 몇 mm인가?

① 10mm ② 12mm ③ 17mm
④ 20mm ⑤ 25mm

• 정답 풀이 •

[베어링의 안지름번호]

안지름번호	00	01	02	03	04
안지름	10mm	12mm	15mm	17mm	20mm

04부터는 안지름번호에 ×5를 해주면 된다. 즉, 6205는 5×5이므로 25mm가 베어링 안지름이 된다. 베어링 번호 N605처럼 안지름 번호 0~9는 그대로 안지름 mm로 해석한다.

정답 25. ④ 26. ⑤

27 기호가 WA 46 KmV로 표시된 숫돌 바퀴에서 WA가 나타내는 것은 다음 보기 중 무엇인가?

① 입도　　　　② 결합도　　　　③ 조직　　　　④ 결합제　　　　⑤ 입자

• 정답 풀이 •

[숫돌의 표시 방법]

숫돌입자	입도	결합도	조직	결합제
WA	46	K	m	V

[숫돌의 3요소]
- 숫돌입자: 공작물을 절삭하는 날로 내마모성과 파쇄성을 가지고 있다.
- 기공: 칩을 피하는 장소

알루미나 (산화알루미나계_인조입자)	• A입자(암갈색, 95%): 일반강재(연강) • WA입자(백색, 99.5%): 담금질강(마텐자이트), 특수합금강, 고속도강
탄화규소계 (SiC계_인조입자)	• C입자(흑자색, 97%): 주철, 비철금속, 도자기, 고무, 플라스틱 • GC입자(녹색, 98%): 초경합금
이 외의 인조입자	• B입자: 입방정 질화붕소(CBN) • D입자: 다이아몬드 입자
천연입자	• 사암, 석영, 에머리, 코런덤

- 결합제: 숫돌입자를 고정시키는 접착제
  - 결합도는 E3-4-4-4-나머지라고 암기하면 편하다. EFG < HIJK < LMNO < PQRS < TUVWXYZ 순으로 단단해진다. 즉, EFG[극히 연함], HIJK[연함], LMNO[중간], PQRS[단단], TUVWXYZ [극히 단단]!
  - 입도는 입자의 크기를 체눈의 번호로 표시한 것으로, 번호는 Mesh를 의미하고 입도가 클수록 입자의 크기가 작다.

구분	거친 것	중간	고운 것	매우 고운 것
입도	10, 12, 14, 16, 20, 24	30, 36, 46, 54, 60	70, 80, 90, 100, 120, 150, 180	240, 280, 320, 400, 500, 600

  - 위의 표는 암기해주는 것이 좋다. 설마 이런 것까지 알아야 되나 싶지만, **중앙공기업/지방공기업** 다 출제되었다.
  - 조직은 숫돌입자의 밀도, 즉 단위체적당 입자의 양을 의미한다.
  - C는 치밀한 조직, m은 중간, W는 거친 조직을 의미한다. 꼭 암기하자.

[결합제의 종류와 기호]
유기질 결합제

V	S	R	B	E	PVA	M
비트리파이드	실리케이드	고무	레지노이드	셀락	비닐결합제	메탈금속

✎ 암기법: you!(너) REB(랩) 해!

[숫돌의 자생작용] 마멸-파과-탈락-생성의 순서를 거치며, 연삭 시 숫돌의 마모된 입자가 탈락하고 새로운 입자가 나타나는 현상이다. 숫돌의 자생작용과 가장 관련이 있는 것은 결합도이다. 너무 단단하면 자생작용이 발생하지 않아, 입자가 탈락하지 않고 마멸에 의해 납작해지는 현상인 글레이징(눈무딤)이 발생할 수 있다.

정답 27. ⑤

28 다음 중 무기화합물 냉매의 표기방법으로 옳은 것은?

① R-400번대로 하며 비등점이 낮은 냉매부터 명시한다.
② R-500번대로 하며 개발된 순서대로 일련번호를 붙인다.
③ R-600번대로 하며 개발 순서대로 일련번호를 붙인다.
④ R-700번대로 하며 뒤의 2자리에는 분자량을 사용한다.
⑤ R-1000번대로 하며 100단위 이하는 할로 카본계 냉매의 명령법에 따른다.

• 정답 풀이 •

[냉매의 표기 방법]
- **메탄, 에탄 및 프로판계 냉매**: R+xyz의 세 자리수로 나타내며 각각의 숫자는 냉매 내의 원소의 숫자와 관련이 있다. 100단위 숫자인 x는 탄소 원자의 수에서 1을 뺀 값이며, 10단위 숫자인 y는 수소의 원자 수에 1을 더한 값이다. 그리고 1단위 숫자인 z는 불소 원자의 수를 나타낸다.
  메탄계 냉매의 경우, 100단위 숫자 x가 0이므로 이를 무시하여 냉매의 번호가 두 자리 숫자가 되고, 에탄계 냉매의 경우, 100단위 숫자가 항상 1이 된다. 예를 들어, R−22인 경우는 100의 자리가 0이므로 탄소 원자는 1개이며 10의 자리가 2이므로 수소 원자는 1개이다. 1의 자리는 2이므로 불소 원자는 2개이다. 그리고 자리가 하나 남으므로 염소 원자가 1개이다.
- **비공비혼합냉매**: 400번대의 번호로 표시하며 혼합냉매를 이루고 있는 구성냉매의 번호 및 질량 조성비를 명시한다. 이때 비등점이 낮은 냉매부터 먼저 명시한다.
- **공비혼합냉매**: 500번대의 번호로 표시하며 개발된 순서대로 R500, R501, R502 등의 일련번호를 붙인다.
- **유기화합물냉매**: 600번대의 번호로 표시하며 부탄계는 R60○, 산소화합물은 R61○, 유기화합물은 R62○, 질소화합물은 R63○로 부르며 개발된 순서대로 일련번호를 붙인다.
- **무기화합물냉매**: 700번대의 번호로 표시하며 뒤의 두 자리는 화합물의 분자량을 사용하며 암모니아, 물, 이산화탄소 등이 이에 해당된다. 예를 들어, 물은 분자량이 18이므로 R718로 부른다. 또한, 암모니아는 분자량이 17이므로 R717이라고 부른다.
- **불포화 유기화합물 냉매**: 1000번대의 번호로 표시하며 100단위 이하는 할로카본 냉매의 번호를 붙이는 방법에 따른다. 예를 들어, 프로필렌은 R1270으로 부른다.

29 피치가 2mm인 2중 나사를 2회전시킬 때의 이동거리는?

① 2mm   ② 4mm   ③ 8mm   ④ 10mm   ⑤ 12mm

• 정답 풀이 •

리드(L) = n(나사의 줄수) × p(피치)이며, 리드란 나사를 1회전시킬 때 축방향으로 전진하는 거리
→ $l = np = 2 \times 2 = 4\text{mm}$ 가 도출된다. 1회전시킬 때 4mm이므로 2회전시키면 8mm가 된다.

참고
- **결합용 나사**: 삼각나사, 유니파이나사, 미터나사 등
- **운동용 나사**: 톱니나사, 볼나사, 사각나사, 사다리꼴나사, 둥근나사 등
나사의 효율이 낮아야 결합용으로 사용한다. 효율이 좋다는 것은 운동용, 즉 동력전달에 사용한다는 의미이므로 효율이 낮아야 결합용(체결용) 나사로 사용한다.

정답 28. ④ 29. ③

30 피복 아크용접에서 사용하는 용접봉의 피복제의 역할로 옳지 <u>않은</u> 것은?

① 용착 금속의 탈산 정련작용을 한다.
② 스패터링을 크게 한다.
③ 용접 금속의 응고와 냉각속도를 줄인다.
④ 용착 금속에 필요한 원소를 보충한다.
⑤ 용접을 미세화하고 슬래그 제거를 쉽게 한다.

• 정답 풀이 •

[피복제의 역할]
탈산 정련작용, 전기절연작용, 합금원소첨가, 슬래그 제거, 아크 안정, 용착효율을 높인다. 산화·질화 방지, 용착금속의 냉각속도를 지연, 스패터링을 작게 한다. 등
참고 피복제의 이해를 위한 관련 추가 설명은 뒤의 부록을 참고해주십시오.

31 다음 중 두 축이 서로 평행하거나 중심선이 서로 어긋날 때, 각속도의 변화 없이 회전력을 전달하고자 할 때 사용하는 커플링은?

① 올덤 커플링
② 플랜지 커플링
③ 분할원통(클램프) 커플링
④ 셀러 커플링
⑤ 마찰원통 커플링

• 정답 풀이 •

• **플랜지 커플링**: 큰 축과 고속정밀도회전축에 사용되는 커플링으로 축 끝에 플랜지를 키로 고정하고 이 플랜지를 서로 맞대어 리머볼트로 쪼인 것이다.
• **분할원통 커플링**: 클램프커플링이라고 하며 두 축을 주철 및 주강제 분할원통에 넣고 볼트로 체결하는 커플링이다.
• **셀러 커플링**: 2개의 주철제 원뿔통을 3개의 볼트로 죄며 원추형이 중앙으로 갈수록 지름이 가늘어진다.
• **올덤 커플링**: 두 축이 서로 평행하거나 중심선이 서로 어긋날 때, **각속도의 변화 없이 회전력을 전**달하고자 할 때 사용하는 커플링이다.
• **마찰원통 커플링**: 2개로 된 원추형 원통에 2개의 축을 끼우고 2개의 링으로 결합하여 마찰력으로 동력을 전달할 수 있는 커플링이다.

정답 30. ② 31. ①

32 다음 진동센서의 종류로 접촉형에 해당하는 것은?

① 용량형　　　　　　② 동전형　　　　　　③ 와전류형
④ 홀소자형　　　　　⑤ 전자광학형

> **• 정답 풀이 •**
>
> 소음계의 마이크로폰에 해당하는 진동센서를 가속도계 또는 픽업이라 한다. 일반적으로 가속도를 측정하여 진동특성을 분석하기 때문에 가속도계가 많이 사용된다. 픽업은 **접촉식과 비접촉식으로 구분**되며, 통상 접촉식을 많이 사용한다. **접촉식 픽업은 압전형**(piezoelectric type), **동전형으로 크게 2가지 종류**가 있다.

33 설비의 노화를 나타내는 파라미터가 <u>아닌</u> 것은?

① 소음　　　② 진동　　　③ 충격　　　④ 원가　　　⑤ 온도

> **• 정답 풀이 •**
>
> 설비 보전을 효율적으로 하기 위해서는 설비 고장의 상태, 열화, 열화의 원인인 설비 스트레스 등을 정확하게 파악해야 한다. 즉, 설비의 노화를 나타내는 파라미터인 **진동, 충격, 기름의 오염도, 소음, 온도, AE** 등을 기초로 하여 수리 작업 및 교환 작업의 신뢰성을 확보하고 정비 및 교환 시기를 결정해야 한다.

34 처음과 끝부분이 같은 금속으로 되어있는 막대기의 양 끝을 다른 온도로 유지하고 전류를 흘릴 때, 부분적으로 전자의 운동에너지가 다르기 때문에 온도가 변화하는 곳에서 줄열 이외의 열이 발열하거나 흡열하는 현상을 말하는 효과는?

① 라이덴-프로스트 효과　　② 교축 효과　　　　　③ 제백 효과
④ 톰슨 효과　　　　　　　⑤ 펠티어 효과

> **• 정답 풀이 •**
>
> • **제백 효과**: 폐회로상의 양 금속 간에 온도차가 생기면 두 금속 간에 전위차가 생성되어 기전력이 발생한다. 이렇게 한쪽(냉접점)을 정확하게 0°C로 유지하고 다른 한쪽(측정접점 또는 온접점)을 측정하려는 대상에 놓아두면, 기전력이 측정되어 온도를 알 수 있다. 이와 같이 서로 다른 금속도체의 결합을 **열전대**라고 한다.
> • **펠티어 효과**: 서로 다른 두 금속이 2개의 접점을 갖고 붙어있을 때, 전위차가 생기게 되면 열의 이동이 발생한다[**전자(열전)냉동기 원리**].
> • **톰슨 효과**: 단일한 도체 양 끝에 전류가 흐르면 열의 흡수나 방출이 발생한다.
> • **라이덴–프로스트 효과**: 어떤 액체가 그 액체의 끓는점보다 훨씬 더 뜨거운 부분과 접촉할 경우 빠르게 액체가 끓으면서 증기로 이루어진 절연층이 만들어지는 현상이다.

정답 32. ②　33. ④　34. ④

35 실내에 공기를 취출하는 취출구 형식의 일종으로 여러 개의 원형 또는 각형의 콘을 덕트 개구단에 설치하고 천장 부근의 실내공기를 유인하여 취출 기류를 충분하게 확산시키는 우수한 성능의 취출구로 확산반경이 크고 도달거리가 짧아 천장 취출구로 가장 많이 사용하는 취출구는?

① 노즐형   ② 다공판형   ③ 베인격자형
④ 펑커루버형   ⑤ 아네모스탯형

• 정답 풀이 •

[취출구의 종류와 특징]

베인격자형	가장 많이 사용하는 것으로 얇은 날개를 다수의 취출구면에 수평, 수직 또는 양방향으로 붙인 것이다. • 그릴(고정베인형): 날개가 고정되고 셔터가 없는 것 • 유니버셜(가동베인형): 날개 각도를 변경할 수 있는 것 • 레지스터: 그릴 뒤에 풍량 조절을 위한 셔터가 부착된 것
팬형	천장의 덕트 개구단 아래 쪽에 원형 또는 원추형의 팬을 매달아 여기에 토출기류를 부딪치게 하여 천장면을 따라서 수평·방사상으로 공기를 취출한다.
아네모스탯형	팬형의 단점을 보완한 것으로, 여러 개의 원형 또는 각형의 콘을 덕트 개구단에 설치하고 천장 부근의 실내공기를 유인하여 취출 기류를 충분하게 확산시키는 우수한 성능의 취출구로 확산반경이 크고 도달거리가 짧아 천장 취출구로 가장 많이 사용된다.
라인형	토출구의 종횡비가 커서 선의 개념을 통한 실내 인테리어와 조화시키기 좋으며 벽이나 창을 따라서 천장이나 창틀 위에 설치한다. 출입구나 승강기의 에어커튼 및 외부존의 냉난방 부하를 처리하나 토출기류를 균일하게 분포하기 어려워 드래프트에 주의해야 한다.
펑커루버형	• 목이 움직이게 되어 취출기류의 방향을 바꿀 수 있다. • 선반의 환기용으로 제작된 것이다. • 토출구에 달려있는 댐퍼에 의해 풍량조절이 가능하다. • 공장, 주방, 버스 등의 국소냉방에 주로 사용된다.
노즐형	• 구조가 간단하고 도달거리가 길다. • 천장이 높은 경우에도 효과적이다. • 다른 형식에 비해 소음의 발생이 적다. • 방송국, 극장, 로비, 공장 등에서 사용된다.
다공판형	• 도달거리가 짧고 드래프트가 방지된다. • 철판에 다수의 구멍을 뚫어 취출구로 만든 것이다. • 확산 성능은 우수하지만, 소음이 크다. • 공간 높이가 낮거나 덕트 공간이 협소할 때 적합하다. • 항온항습실, 클린룸 등에서 사용된다.

정답 35. ⑤

36 다음 중 수중모터펌프의 구성요소가 <u>아닌</u> 것은?

① 케이싱   ② 축   ③ 임펠러

④ 전동기   ⑤ 토크컨버터

> **· 정답 풀이 ·**
>
> • **수중모터펌프**: 물속에 넣어 물을 퍼내는 형식의 펌프로, 케이싱, 축, 임펠러, 전동기로 구성되어 있다.
> • **토크컨버터**: 원동축과 부하를 유체를 매개로 하여 결합하여 동력을 전달하고 부하의 변동에 따라 자동적으로 변속하는 유체변속기구이다. 동력전달이 유체에 의해 전달되기 때문에 과부하에 대한 기관의 손상이 없고, 부하의 변동에 따라 자동으로 변속이 가능하며 터빈, 펌프, 정지스테이터 등으로 구성된다.
>
> **참고**
>
> **심정펌프**: 깊은 물을 퍼올리기 위한 수직형 터빈 펌프이다. 심정펌프는 서울교통공사 기계직 면접에서 물어봤던 질문 중 하나이다. 꼭 알고 있길 바란다.
> – 면접관: "심정펌프가 무엇인지 알고 있나요?"
> – 지원자: 네 알고 있습니다. 심정펌프란 깊은 물을 퍼올리기 위한 수직형 터빈 펌프입니다!
> – 면접관: 자네 합격일세!

37 피치원의 지름이 120mm인 스퍼기어의 잇수가 40개일 때, 이 스퍼기어의 모듈은 얼마인가?

① 1   ② 2   ③ 3

④ 4   ⑤ 5

> **· 정답 풀이 ·**
>
> $$D = mZ \rightarrow m = \frac{D}{Z} = \frac{120}{40} = 3 \ [\text{여기서, } D: \text{피치원 지름, } m: \text{모듈, } Z: \text{잇수}]$$

38 다음 중 나사의 풀림 방지방법으로 옳지 <u>않은</u> 것은?

① 코터를 이용하는 방법   ② 와셔를 이용하는 방법
③ 로크너트에 의한 방법   ④ 자동 쵬너트에 의한 방법
⑤ 분할핀이나 멈춤나사 등에 의한 방법

> **· 정답 풀이 ·**
>
> **[나사의 풀림 방지방법]**
> 로크너트에 의한 방법, 철사를 사용하는 방법, 와셔를 사용하는 방법, 작은 나사를 사용하는 방법, 자동 쵬너트에 의한 방법, 분할핀을 사용하는 방법, 플라스틱플러그를 이용하는 방법

정답 36. ⑤   37. ③   38. ①

39 다음 그림과 같이 스프링에 10N의 하중(P)이 작용하고 있다. 이때의 스프링 처짐(δ)은 얼마인가? [단, $k_1 = 2\text{N/m}$, $k_2 = 4\text{N/m}$]

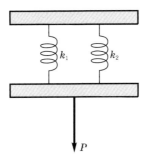

① 1.67m   ② 2.7m   ③ 3.33m   ④ 4.5m   ⑤ 9.56m

・정답 풀이・

병렬로 스프링이 연결되어 있으므로, 다음과 같이 구한다.

$k_{eq} = k_1 + k_2 + \cdots + k_n \;\rightarrow\; 2+4 \;\rightarrow\; k_{eq} = 6\text{N/m}$

$F = k\delta \;\rightarrow\; 10\text{N} = 6\text{N/m} \times \delta \quad \therefore \; \delta = 1.67\text{m}$

• 직렬연결 $= \dfrac{1}{k_{eq}} = \dfrac{1}{k_1} + \dfrac{1}{k_2} + \cdots + \dfrac{1}{k_n}$

• 병렬연결 $= k_{eq} = k_1 + k_2 + \cdots + k_n$

참고   이런 모양은 서로 병렬연결이라고 취급한다.

40 유압 펌프에서 강제식 펌프의 특징으로 옳은 것은?

① 크기가 소형이다.
② 높은 압력을 낼 수 없다.
③ 작동 조건 변화에 효율의 변화가 크다.
④ 체적효율이 나쁘다.
⑤ 압력 및 유량의 변화에도 원활하게 작동한다.

・정답 풀이・

[강제식 펌프의 특징]
• 소형이며 체적효율이 좋다.
• 높은 압력(70bar 이상)을 낼 수 있다.
• 작동 조건의 변화에도 효율의 변화가 적다.
• 압력 및 유량의 변화에도 원활하게 작동한다.

정답 **39.** ①　**40.** ①, ⑤

41 회전기계에서 발생하는 이상현상 중 저주파수를 발산하는 형태의 현상이 <u>아닌</u> 것은?

① 공동현상　　　　　　② 기계적 풀림　　　　　③ 언밸런싱
④ 미스얼라이먼트　　　⑤ 오일 휩

> **• 정답 풀이 •**
>
> 회전기계는 진동이 매우 중요하다. 즉, 어떤 시간 간격으로 계속 반복되는 운동이 매우 중요하다는 이야기이다. 회전기계는 항상 진동주파수를 모니터링함으로써 이상이 없는지 확인해야 한다.
> [저주파수를 발산하는 형태의 이상현상]
> • **언밸런싱**: 로터의 축심 회전의 질량분포가 부적정하여 발생하는 현상으로 회전 저주파수가 발생한다.
> • **미스얼라이먼트**: 커플링으로 연결된 2개의 회전축의 중심선이 엇갈려 있는 경우이다.
> • **기계적 풀림**: 기초볼트의 풀림이나 베어링 마모에 의해 발생한다.
> • **오일 휩**: 강제 급유되는 미끄럼 베어링을 갖는 로터에서 발생하며 베어링의 역학적 특성에 기인하는 진동이다.
> • **축 벤딩**: 축이 벤딩되는 현상으로 저주파수를 발산한다.
> [중간주파수를 발산하는 형태의 이상현상]
> • **압력맥동**: 펌프 블로워의 압력 발생기구에서 임펠러가 벌류트 케이싱 상부를 통과할 때 발생하는 유체 압력변동이다.
> • **러너 블레이드 통과 진동**
> [고주파수를 발산하는 형태의 이상현상]
> • **공동현상**: 유체기계에서 국부적으로 압력이 저하되어 기포가 생기고 고압부에 도달하면, 기포가 터지면서 불규칙한 고주파 진동 소음을 발생시키는 현상
> • **유체음**: 유체기계에서 발생하는 와류의 일종으로 불규칙성의 고주파진동을 말한다.
> • **진동**

42 인화점이나 비점이 낮은 인화성 액체(유류)가 가득 차 있지 않은 저장탱크 주위에 화재가 발생하여 저장탱크 벽면이 장시간 화염에 노출되면 윗부분의 온도가 상승하여 재질의 인장력이 저하되며 내부의 비등현상으로 인한 압력상승으로 저장탱크 벽면이 파열되는 현상은?

① 라이덴프로스트 효과　　② 워터해머링 현상　　　③ 블래비(BLEVE) 현상
④ 케비테이션　　　　　　　⑤ 서징현상

> **• 정답 풀이 •**
>
> • **라이덴프로스트효과**: 어떤 액체가 그 액체의 끓는점보다 훨씬 더 뜨거운 부분과 접촉할 경우 빠르게 액체가 끓으면서 증기로 이루어진 절연층이 만들어지는 현상
> • **블래비 현상(비등액체 증기폭발)**: 인화점이나 비점이 낮은 인화성 액체(유류)가 가득 차 있지 않은 저장탱크 주위에 화재가 발생하여 저장탱크 벽면이 장시간 화염에 노출되면 윗부분의 온도가 상승하여 재질의 인장력이 저하되며 내부의 비등현상으로 인한 압력상승으로 저장탱크 벽면이 파열되는 현상
> 　참고　워터해머링(수격현상), 서징현상, 공동현상에 대한 세부내용은 책 뒤의 부록을 참고하자.

정답 41. ①　42. ③

43 전효율이 80%이고 유량이 $30\mathrm{m}^3/\min$일 때, 체적효율이 90%, 수력효율이 98%이다. 이때의 기계효율은?

① 92.1%　　　　　② 90.7%　　　　　③ 88.3%

④ 86.2%　　　　　⑤ 94.7%

· 정답 풀이 ·

펌프의 전효율: $\eta = \dfrac{L_p}{L_s} = \dfrac{\text{펌프동력}}{\text{축동력}} = \eta_m \eta_h \eta_v$ 이므로 공식에 수치를 대입한다.

$\rightarrow 0.8 = \eta_m \times 0.98 \times 0.9$　$\therefore \eta_m = \dfrac{0.8}{0.98 \times 0.9} = 0.90703 ≒ 90.7\%$

[꼭 알아야 할 사항]

1. 전효율 $\eta = \dfrac{L_p}{L_s} = \dfrac{\text{펌프동력}}{\text{축동력}} = \eta_m \eta_h \eta_v$

　η_m : 기계효율, η_h =수력효율, η_v =체적효율(용적효율), η_t : 토크효율, $[\eta_m = \eta_t]$

2. 기계효율 $\eta_m = \dfrac{\text{유체동력}}{\text{축동력}}$

3. 체적효율(용적효율) $\eta_v = \dfrac{\text{실제펌프토출량}}{\text{이론펌프토출량}}$

4. 토크효율 $\eta_t = \dfrac{\text{출력 토크}}{\text{이론 토크}}$

· 펌프의 구동토크(T)

　$T = \dfrac{pq}{2\pi}[\mathrm{N \cdot m}]$ [단, p :유압, q : 1회전당 유량$(\mathrm{cm}^3 = \mathrm{cc})$]

　$Q = qN$ [단, Q : 유량, N : 회전수]

· L_p(수동력, 유체동력, 펌프동력) = P(압력) × Q(토출량)

· L_{th}(이론유체동력) = P(압력) × Q_{th}(이론토출량) : 누설이 전혀 없는 경우

· L_s(축동력) : 원동기로부터 펌프 축에 전달되는 동력

44 공압 액츄에이터의 회전각도 범위로 옳은 것은?

① 더블베인형 : $40{\sim}100°$　　② 싱글베인형 : $200°$ 이내　　③ 랙과 피니언형 : $45{\sim}720°$

④ 스크류형 : $200{\sim}470°$　　⑤ 크랭크형 : $220°$ 이내

· 정답 풀이 ·

[공압액츄에이터의 회전각도 범위]

싱글베인형	더블베인형	랙과 피니언형	스크류형	크랭크형
$300°$ 이내	$90 \sim 120°$	$45 \sim 720°$	$100 \sim 370°$	$110°$ 이내

정답 43. ②　44. ③

45 축에는 직접 키 홈을 가공하지 않아 축의 강도를 그대로 유지할 수 있으며, 오직 축과의 마찰력만으로 동력을 전달하기 때문에 큰 회전력을 전달할 수 없는 키는?

① 성크키　　　　　　　② 접선키　　　　　　　③ 반달키
④ 새들키　　　　　　　⑤ 케네디키

· 정답 풀이 ·

- **성크키(묻힘키)**: 가장 많이 사용되는 키로, 단면의 모양은 직사각형과 정사각형이 있다. 직사각형은 축지름이 큰 경우에 정사각형은 축지름이 작은 경우에 사용한다. 또한, 키의 호칭 방법은 b(폭) · h (높이) · l(길이)로 표시하며 키의 종류에는 윗면이 평행한 평행키와 윗면에 1/100 테이퍼를 준 경사키 등이 있다.
- **접선키**: 축의 접선방향으로 끼우는 키로, 1/100의 테이퍼를 가진 2개의 키를 한 쌍으로 만들어 사용한다. 그 중심각은 120°이다.
- **반달키**: 키 홈이 깊게 가공되어 축의 강도가 저하될 수 있으나, 키와 키홈을 가공하기가 쉽고 키 박음을 할 때, 키가 자동적으로 축과 보스 사이에 자리를 잡는 기능이 있다. 보통 공작기계와 자동차 등에 사용되며 일반적으로 60mm 이하의 작은 축에 사용되며 특히 테이퍼축에 사용된다.
- **새들키(안장키)**: 축에는 키 홈을 가공하지 않고 보스에만 1/100 테이퍼를 주어 홈을 파고 이 홈 속에 키를 박아버린다. 축에는 키 홈을 가공하지 않아 축의 강도를 감소시키지 않는 장점이 있지만, 축과 키의 마찰력만으로 회전력을 전달하므로 큰 동력을 전달하지 못한다.
- **케네디키**: 접선키의 종류로 중심각이 90°인 키를 케네디키라고 한다.

46 강판의 기밀을 더욱 견고하게 하기 위해 하는 작업으로 강판과 같은 너비의 정으로 판재의 안쪽 면을 때려 완전히 밀착시키는 영구적인 작업은?

① 코킹　　　　　　　　② 플러링　　　　　　　③ 실링
④ 드릴링　　　　　　　⑤ 펀칭

· 정답 풀이 ·

- **코킹**: 고압탱크, 보일러 등과 같이 기밀을 필요로 하는 개소는 리벳팅을 한 후, 리벳머리의 주위와 강판의 가장자리를 정으로 때려 그 부분을 밀착시켜 틈을 제거한다. 이와 같은 공정을 코킹이라고 하며 강판의 가장자리를 75~85° 정도 기울어지게 절단한다. 보통 5mm 이상의 강판에서 코킹을 하며 5mm 이하의 강판에서는 정으로 때리면 강판이 파괴될 수 있으므로 기름먹인 종이나, 패킹 등을 사용하여 기밀을 유지한다.
- **플러링**: 기밀을 더욱 완전하게 하기 위해서 또는 강판의 옆면 형상을 재차 다듬기 위해 강판과 같은 두께의 플러링 공구로 옆면을 때리는 작업
- **리벳팅**: 가열된 리벳의 생크 끝에 머리를 만들고 스냅을 대고 때려 제2의 리벳머리를 만드는 공정

정답 45. ④　46. ②

47 다음 중 복사난방의 특징으로 옳지 않은 것은?

① 외기 온도의 급변화에 따른 온도 조절이 곤란하다.
② 쾌감도와 온도 분포가 좋아 천장이 높은 공간에서 적합하다.
③ 방열기가 없으므로 바닥면의 이용도가 높다.
④ 배관 시공이나 수리가 용이하지만, 설비 비용이 비싸다.
⑤ 공기의 대류가 적으므로 바닥면의 먼지가 상승하지 않는다.

• 정답 풀이 •

복사난방: 건물의 바닥, 천정, 벽 등에 온수를 통하는 관을 구조체에 매설하고 아파트, 주택 등에 주로 사용되는 난방방법이다.

[복사난방의 특징]
• 방열기가 없으므로 바닥면의 이용도가 높다.
• 쾌감도와 온도 분포가 좋아 천장이 높은 공간에서 적합하다.
• 실내 평균 온도가 낮으므로 같은 방열량에 대해서 손실 열량이 적다.
• 공기의 대류가 적으므로 바닥면의 먼지가 상승하지 않는다.
• 외기 온도의 급변화에 따른 온도 조절이 곤란하다.
• 배관 시공이나 수리가 곤란하고, 설비 비용이 비싸다.
• 방열면이 뒷면으로부터 열손실을 방지하는 구조로 설계를 해야 한다.

48 원형 봉에 인장하중이 작용하고 있을 때 길이변화량이 $0.1\mathrm{mm}$이고, 지름변화량이 $0.02\mathrm{mm}$이다. 이때의 푸아송비는? [단, $l = 0.5\mathrm{m}$, $d = 0.3\mathrm{m}$]

① 0.11   ② 0.22   ③ 0.33
④ 0.44   ⑤ 0.5

• 정답 풀이 •

$$\nu = \frac{1}{m} = \frac{\varepsilon_{가로}}{\varepsilon_{세로}} \quad [\text{여기서, } \nu:\ \text{푸아송비}, \ m:\text{푸아송수}, \ \varepsilon:\ \text{변형률}]$$

$$\rightarrow \nu = \frac{1}{m} = \frac{\varepsilon_{가로}}{\varepsilon_{세로}} = \frac{\dfrac{\delta}{d}}{\dfrac{\lambda}{L}} = \frac{L\delta}{d\lambda} = \frac{500 \times 0.02}{300 \times 0.1} = 0.33$$

정답 47. ④   48. ③

49 드럼없이 수관만 있어 고압에 잘 견디고, 보유수량이 적어 증기발생이 빠른 특징을 가진 보일러는?

① 특수유체 보일러
② 관류 보일러
③ 원통 보일러
④ 연관 보일러
⑤ 귀뚜라미 보일러

• 정답 풀이 •

관류 보일러: 드럼없이 수관만 있어 고압에 잘 견디고 급수펌프가 급수한 물이 많은 관내에 흐르면서 예열. 가열. 증발. 과열의 과정을 거쳐 과열 증기상태로 외부에 공급되는 구조의 보일러이다.

[관류 보일러의 특징]
• 보일러의 열효율이 매우 우수하다.
• 드럼없이 수관만 있어 고압에 잘 견디고 수면 측정 장치가 필요없다.
• 수관배치가 자유로워 컴팩트한 구조 구현이 가능하다.
• 보유수량이 적어 증기의 발생이 빠르다.
• 순환비가 1이고 급수 압력이 상당히 높다.
• 열손실의 모양과 크기를 자유롭게 할 수 있다.
• 급수 처리가 까다롭고 스케일의 피해가 존재한다.

참고
• **관류보일러 종류**: 소형관류보일러, 벤슨보일러, 슐처보일러, 엣모스보일러
• **원통보일러 종류**: 입형. 노통. 연관. 노통연관 보일러 등

50 끼워맞춤의 종류 중 최대틈새는 어떻게 표현되는가?

① 구멍의 최소허용치수 – 축의 최대허용치수
② 구멍의 최대허용치수 – 축의 최소허용치수
③ 축의 최대허용치수 – 구멍의 최소허용치수
④ 축의 최소허용치수 – 구멍의 최대허용치수
⑤ 축의 최대허용치수 – 구멍의 최대허용치수

• 정답 풀이 •

[끼워맞춤의 종류]
• **헐거운 끼워맞춤**: 항상 틈새가 생기는 끼워맞춤으로 구멍의 최소치수가 축의 최대치수보다 크다.
  – 최대틈새: 구멍의 최대허용치수–축의 최소허용치수
  – 최소틈새: 구멍의 최소허용치수–축의 최대허용치수
• **억지 끼워맞춤**: 항상 죔새가 생기는 끼워맞춤으로 축의 최소치수가 구멍의 최대치수보다 크다.
  – 최대죔새: 축의 최대허용치수–구멍의 최소허용치수
  – 최소죔새: 축의 최소허용치수–구멍의 최대허용치수
• **중간 끼워맞춤**: 구멍. 축의 실 치수에 따라 틈새 또는 죔새의 어떤 것이나 가능한 끼워맞춤이다.

정답 **49.** ② **50.** ②

02 2019 하반기
서울주택도시공사 기출문제

1문제당 2점 / 점수 [   ]점

01 다음 보기에서 설명하는 현상으로 옳은 것은?

> 펌프 운전 중에 압력계기의 눈금이 어떤 주기를 가지고 큰 진폭으로 흔들림과 동시에 토출량도 어떤 범위에서 주기적인 변동이 발생되어 흡입 및 토출 배관의 주기적인 진동과 소음을 수반하게 하는 현상

① 서징현상 ② 수격현상 ③ 숨돌리기 현상
④ 버플   ⑤ 점핑현상

• 정답 풀이 •

- **서징현상(surging)**: 펌프를 사용하는 관로에 힘을 가하지 않았음에도 토출압력이 주기적으로 변화하며 **진동과 소음이 발생하는 현상**이다. 주로 저유량 영역에서 펌프를 사용할 경우 유체의 유량변화로 인해서 정상적인 운전이 불가능하게 된다.
- **수격현상(water hammering)**: 관 속을 충만하게 흐르고 있는 **액체의 속도를 급격히 변화**시키며 액체에 과도한 **압력변화가 발생되어 배관과 펌프의 파손원인**이 되는 현상
- **숨돌리기 현상(숨 쉬는 현상)**: 압력이 낮고 오일공급량이 부족할수록 생기는 현상
  오일 속에 기포가 생기면 작동 시 부하의 저항을 감당할 때까지 압력이 상승하며 그 후 공기가 압축되면서 피스톤이 움직이게 된다. 이때 저항이 작아져서 부하의 운동저항까지 공기가 팽창하고 압력이 내려가서 **피스톤이 정지하는 현상**을 말한다.
- **버플(baffle)**: 주로 오일탱크 안에서 흡입관과 복귀관 사이에 설치된 것
  유압작동유가 탱크의 벽면을 타고 흐르도록 하여 유압 작동유에 혼입되어 있는 **기포와 수분을 제거**시켜 오일 탱크로 돌아오는 **오일과 펌프로 가는 오일을 분리시키는 역할**
- **점핑현상**: 작동유가 유량제어밸브 내를 흐르기 시작할 때나 입구압력이 갑자기 상승할 때 유량이 순간적으로 대량으로 흐르는 현상으로 **유량이 과도적으로 설정값을 넘어가는 현상**

02 다음 중 비절삭 가공으로만 나열된 것은?

① 용접, 호닝, 래핑   ② 선반, 용접, 밀링   ③ 용접, 주조, 소성
④ 주조, 밀링, 선반   ⑤ 소성, 평삭, 밀링

• 정답 풀이 •

비절삭가공: 칩(chip)을 발생시키지 않고 필요한 제품의 형상을 가공하는 방법으로, 종류로는 주조, 소성가공, 용접, 특수 비절삭가공(버니싱, 숏 블래스트)이 있다.

정답 01. ① 02. ③

03 다음 유압유의 구비조건으로 옳지 않은 것은?

① 증기압은 낮아야 하며 끓는점은 높아야 한다.
② 체적탄성계수가 작아야 한다.
③ 확실한 동력전달을 위해서 비압축성이어야 한다.
④ 비중과 열팽창계수가 작아야 하고 비열은 커야 한다.
⑤ 온도변화에 따른 점도변화가 작아야 하므로 점도지수가 커야 한다.

• 정답 풀이 •

[유압작동유의 구비조건]
- 작동유에서 가장 중요한 것은 **점도**이다.
- **비압축성이어야 한다.** → 확실한 동력전달, 정학한 위치 및 속도 제어 가능
- **체적탄성계수가 커야 한다.** → 압축률이 작다.
- **점도지수는 커야 한다.** → 점도지수가 클수록 온도변화에 따른 점도변화가 작다.
- **비중과 열팽창계수는 작고 비열은 커야 한다.** → 비중이 크면 잘 흐르지 않고, 열팽창계수가 크면 온도에 따른 부피변화가 크기 때문에 좋지 않다.
- **증기압은 낮아야 하고 끓는점(비등점)은 높아야 한다.**
- **인화점과 발화점이 높아야** 하며 녹이나 부식발생이 방지되어야 한다(비인화성, 산화안정성).

04 한 방향의 흐름은 허용하나 역방향의 흐름을 완전히 저지시켜주는 역할을 하는 밸브는?

① 셔틀밸브   ② 카운터밸런스밸브   ③ 슬루스밸브
④ 체크밸브   ⑤ 감압밸브

• 정답 풀이 •

- **체크밸브(역지밸브, 방향제어밸브)**: 한 방향의 유동은 허용하나 역방향의 유동은 완전히 저지하는 밸브로 펌프와 축압기 사이에는 체크밸브를 설치하여 유압유가 펌프에 역류하지 않도록 한다.
- **셔틀밸브(방향제어밸브)**: 입구의 한 쪽 방향에 자동적으로 접속되는 밸브로 2개 이상의 입구와 1개의 출구가 있으며 항상 고압 측 유압유만을 통과시키는 전환밸브
- **슬루스밸브(게이트밸브)**: 캐비테이션을 방지하기 위해 사용되는 밸브. 밸브 몸체가 직각 밸브시트에 대해 상하로 미끄러지는 운동을 하여 개폐하는 밸브로 고압 & 고속으로 유량이 많고 자주 개폐하지 않는 곳에 사용한다.
- **카운터밸런스 밸브(압력제어밸브)**: 한 방향의 흐름에는 설정된 배압을 주고 반대방향의 흐름을 자유 흐름으로 하는 밸브 자유 낙하 방지 밸브라고 불리며 자중에 의한 하강을 방지하는 데 주로 쓰인다.
- **감압밸브(상시 개방형 밸브, 리듀싱밸브, 압력제어밸브)**: 유압회로에서 어떤 부분회로의 압력을 주회로의 압력보다 저압으로 해서 사용하고자 할 때 사용하는 밸브이다.

정답 03. ②   04. ④

05 300m 이상의 높은 수원에서 낮은 속도로 고낙차일 경우에 사용하는 수차로서 분류(jet)가 수차의 접선방향으로 작용하여 날개차를 회전시켜서 기계적인 일을 얻는 수차는 무엇인가?

① 펠톤 수차　　　　　　　② 프란시스 수차　　　　　　③ 반동 수차
④ 중력 수차　　　　　　　⑤ 사류 수차

• 정답 풀이 •

- **펠톤 수차(충격 수차)**: 고낙차 발전에 사용하는 충동수차의 일종으로 **물의 속도 에너지만을 이용**하는 수차이다. **고속분류를 버킷에 충돌시켜 그 힘으로 회전차를 움직이는 수차**이다. 분류(jet)가 수차의 **접선 방향으로 작용**하여 날개차를 회전시켜서 기계적인 일을 얻는 충격수차.
  [낙차의 범위는 주로 200~1800m]
- **프란시스 수차**: 반동 수차의 대표적인 수차. 40~600m의 광범위한 낙차의 수력발전에 이용된다. 적용 낙차와 용량의 범위가 넓어 가장 많이 사용되며 물이 수차에 반경류 또는 혼류로 들어와서 축 방향으로 유출되며, 이때 날개에 반동 작용을 주어 날개차를 회전시킨다. 비교적 효율이 높아 발전용으로 많이 사용된다.
- **반동 수차**: 물의 위치에너지를 압력과 속도 에너지로 변환하여 이용하는 수차이다. 물의 흐름방향이 회전차의 날개에 의해 바뀔 때 회전차에 작용하는 충격력 외에 회전차 출구에서의 유속을 증가시켜 줌으로써 반동력을 회전차에 작용하게 하여 회전력을 얻는 수차이다.
  [종류: 프란시스 수차와 프로펠러 수차]
- **중력 수차**: 물이 낙하할 때 중력에 의해서 움직이는 수차
- **사류 수차**: 혼류수차라고도 하며 유체의 흐름이 회전날개에 경사진 방향으로 통과하는 수차로 구조적으로 프란시스 수차나 카플란 수차와 같다.

06 잔잔한 수면 위에 작은 바늘이 뜨는 이유는 어떤 원리와 관련이 있는가?

① 부력　　　　　　　　② 모세관현상　　　　　　③ 표면장력
④ 체력　　　　　　　　⑤ 응집력

• 정답 풀이 •

표면장력(응집력 > 부착력): 액체 표면이 스스로 수축하여 되도록 작은 면적을 취하려는 힘의 성질

[표면장력과 관련된 예시]
- 잔잔한 수면 위에 가는 바늘이 뜨는 현상
- 컵에 물을 채웠을 때, 상단표면보다 약간 높게 더 채울 수 있는 현상
- 모세관현상
- 테이블 위에 떨어진 물방울의 볼록한 현상

07 다음 보기 중에서 열경화성 수지로만 묶여져 있는 것은?

① 페놀수지, 요소수지, 멜라민 수지
② 폴리에틸렌, 푸란수지, 폴리염화비닐
③ 페놀수지, 아크릴수지, 폴리아미드
④ 폴리에틸렌, 아크릴수지, 멜라민수지
⑤ 폴리우레탄수지, 폴리에틸렌, 폴리스티렌

• 정답 풀이 •

- **열경화성 수지**: 주로 그물 모양의 고분자로 이루어진 것으로 가열하면 경화되는 성질을 가지며, 한번 경화되면 가열해도 연화되지 않는 합성수지이다. 종류로는 페놀수지, 요소수지, 멜라민수지, 규소수지, 폴리에스테르수지, 폴리우레탄수지, 푸란수지가 있다.
- **열가소성 수지** [Tip: 폴리에스테르, 폴리우레탄 빼고 폴리 들어가면 열가소성 수지]
  주로 선 모양의 고분자로 이루어진 것으로 가열하면 부드럽게 되어 가소성을 나타내므로 여러 가지 모양으로 성형할 수 있으며, 냉각시키며 성형된 모양이 그대로 유지되면서 굳는다. 다시 열을 가하면 물렁물렁해지며 계속 높은 온도로 가열하면 유동체가 된다. 또한, **가열하면 소성변형을 일으키지만 냉각하면 가역적으로 단단해지는 성질을 이용**한 것으로 보통 고체 상태의 고분자 물질로 이루어진다. 종류로는 폴리에틸렌, 폴리프로필렌, 폴리스티렌, 폴리염화비닐, 폴리아미드, 아크릴수지, 폴리오르수지 등이 있으며 전체 합성수지 생산량의 80% 정도를 차지한다.

08 신소재 중 절대온도가 $0K(=-273℃)$에 가까운 극저온이 되면 전기저항이 0이 되어 완전도체가 되는 동시에 그 내부에 흐르고 있던 자속이 외부로 배제되어 자속밀도가 0이 되는 마이스너 효과에 의해 완전한 반자성체가 되는 재료는?

① 초전도 합금   ② 초탄성 재료   ③ 형상기억합금
④ 제진합금   ⑤ 초소성 합금

• 정답 풀이 •

초전도합금: 초전도 특성을 가진 재료로 다양한 형태로 가공하여 코일 등으로 만들어 사용한다. 어떤 전도물질을 상온에서 점차 냉각하여 절대온도가 $0K(=-273℃)$에 가까운 극저온이 되면 전기저항이 0이 되어 완전도체가 되는 동시에 그 내부에 흐르고 있던 자속이 외부로 배제되어 자속밀도가 0이 되는 **마이스너 효과**에 의해 완전한 반자성체가 되는 재료
[특징]
- 초전도 현상에 영향을 주는 인자: 온도, 자기장, 자속밀도
- **완전도전성**: 전기저항이 0이 되어 전기적 손실이 없는 상태로 대전류가 흐를 수 있고, 높은 자기장을 발생시킬 수 있으며 영구적인 전류생성이 가능한 성질
- **완전반자성**: 자력선의 침입이 없는 현상으로 자기부상, 자기흡인, 자기차폐의 특징이다.

09 다음 보기 중에서 상태함수로만 이뤄진 것은?

① 열량, 일량   ② 엔탈피, 엔트로피   ③ 열량, 엔탈피

④ 일량, 엔트로피   ⑤ 내부에너지, 열량

· 정답 풀이 ·

- **상태함수**: 열역학적 계에서 그 계의 현재 상태에만 관련되어 있는 **열역학적 양**, 계의 평행상태가 주어지면 상태함수의 값은 결정된다. 즉, 상태함수는 주어진 계의 평행상태를 기술하는 양이 된다. 이는 계의 상태에만 의존하고 현재 상태에 도달하기까지의 경로 과정에는 무관한 함수를 의미한다. **대표적 예시로 내부에너지, 엔트로피, 엔탈피, 자유에너지, 부피, 압력, 온도 등이 있다.**
- **경로함수**: 상태함수와 상반된 개념으로 경로함수의 값은 어떤 계가 그 상태에 도달하기까지 거쳐 온 경로에 따라 달라진다. **대표적 예시로 일량, 열량 등이 있다.**

10 철강 조직의 경도 순서를 알맞게 배열한 것은?

① 시멘타이트 > 펄라이트 > 페라이트 > 오스테나이트

② 페라이트 > 마텐자이트 > 펄라이트 > 오스테나이트

③ 시멘타이트 > 오스테나이트 > 펄라이트 > 페라이트

④ 마텐자이트 > 시멘타이트 > 펄라이트 > 오스테나이트

⑤ 시멘타이트 > 펄라이트 > 오스테나이트 > 페라이트

· 정답 풀이 ·

2019년도 서부발전 기출문제와 똑같이 출제되었다. **자주 나오는 문제!**
[여러 조직의 경도 순서]
시멘타이트 > 마텐자이트 > 트루스타이트 > 베이나이트 > 소르바이트 > 펄라이트 > 오스테나이트 > 페라이트

11 담금질한 강은 경도가 커 취성이 생기기 쉬운 성질을 가지게 된다. 다음 중 경도는 다소 저하되더라도 내부응력을 제거시켜 강한 인성을 부여하는 열처리는?

① 뜨임   ② 풀림   ③ 불림

④ 파텐팅   ⑤ 오스포밍

· 정답 풀이 ·

뜨임(템퍼링, Tempering, 소려): 담금질한 강은 경도가 크나 취성을 가지므로 경도가 다소 저하되더라도 인성을 증가시키기 위해 A_1변태점 이하에서 재가열하여 냉각시키는 열처리, 즉 **강한 인성(질긴 성질)**을 부여하여 마텐자이트 조직에서 소르바이트로 변화시켜주는 열처리이다.
[뜨임에 의한 조직변화]

A(오스테나이트) $\xrightarrow{200°C}$ M(마텐자이트) $\xrightarrow{400°C}$ T(트루스타이트) $\xrightarrow{600°C}$ S(소르바이트) $\xrightarrow{700°C}$ P(펄라이트)

12 전기에너지를 기계적 진동 에너지로 변환시켜 가공하는 가공법으로 물이나 경유에 연삭입자를 혼합한 가공액을 공구의 진동면과 일감 사이에 주입시켜 표면을 다듬는 특수 가공법은?

① 방전가공　　　　　　② 전해연마　　　　　　③ 레이저가공
④ 초음파가공　　　　　　⑤ 전해가공

▸ 정답 풀이 ◂

초음파가공: 물이나 경유(가공액) 등에 연삭입자(랩제)를 혼합한 가공액을 공구의 진동면과 일감 사이에 주입시켜 초음파에 의한 상하진동으로 표면을 다듬는 가공법
[특징]
• **전기 에너지를 기계적 진동 에너지**로 변화시켜 가공한다.
　→ 전기의 양도체, 부도체 여부에 관계없이 가공이 가능하다.
• **경질재료 및 비금속 재료**의 가공에 적합하다.
• 공작물 가공변형이 거의 없다.
• 공구 이외에 부품 마모가 거의 없다.
• 초경합금, 보석류, 반도체, 세라믹 등 비금속 또는 귀금속의 구멍 뚫기, 절단, 평면가공, 표면 다듬질 가공에 사용한다.

13 수평 원관에서의 가진 관 내에 유체가 완전 발달된 비압축성 층류유동으로 흐를 때 전단응력은 얼마인가?

① 관 벽에서 0이고, 중심선에서 최대이며 선형분포로 변한다.
② 중심에서 0이고, 중심선으로부터 거리에 비례하여 변한다.
③ 전 단면에 걸쳐 일정하다.
④ 중심에서 0이고, 중심선으로부터 거리의 제곱에 비례하여 변한다.
⑤ 관 벽에서 0이고, 중심까지 포물선 형태로 증가한다.

▸ 정답 풀이 ◂

[수평 원관에서의 층류 운동]
• 전단응력은 관의 중심에서 0이며 관 벽에서는 최댓값을 가진다. 즉, **중심선으로부터 거리에 비례**하여 선형적(직선적)으로 증가한다.
• 속도분포는 관 벽에서는 0이며, 관의 중심에서 최대이다. 즉, 관 벽에서 관 중심으로 2차 포물선형으로 변한다.

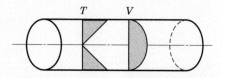

14 베어링메탈 재료의 종류 중 Sn을 사용하지 않고 Cu와 Pb의 합금으로, 피로강도와 내열성이 높으며 고속 및 중하중의 내연기관용 베어링으로 사용되는 것은?

① 켈밋   ② 카드뮴 합금   ③ 화이트 메탈
④ 오일리스 베어링   ⑤ 알루미늄 합금

• 정답 풀이 •

[베어링 메탈 재료의 종류]
① 켈밋(kelmet): 구리(Cu)와 납(Pb)의 합금이며, 피로강도와 내열성이 높아 고속·중하중의 내연기관용 베어링으로 널리 사용한다.
② 카드뮴(Cd) 합금: 화이트메탈에 비하여 피로강도와 내열성이 높아 중하중용 내연기관에 널리 사용한다.
③ 화이트 메탈: 주석(Sn), 아연(Zn), 납(Pb), 안티몬(Sb)의 합금이다. 주석계 화이트메탈은 주석을 주성분으로 구리, 안티몬을 함유한 합금으로 베빗메탈(주석계 화이트메탈)이라고 한다.
④ 오일리스 베어링: 금속분말을 가압, 소결하여 성형한 후 윤활유를 입자 사이의 공간에 스며들게 한 것으로 급유가 곤란한 베어링이나 급유를 하지 않는 베어링에 사용한다. → 오일리스 베어링은 베어링 안에 늘 오일이 존재하므로 항상 윤활유를 공급할 필요가 없다.
⑤ 알루미늄 합금: 내마멸성이 높아 고속·중하중 베이링에 주로 사용하나 마찰에 의해 생기는 산화피막 때문에 축이 손상되기 쉬운 단점이 있다.

15 선반에 지름 100mm의 재료를 이송 0.25mm/rev, 길이 60mm로 2회 가공시간이 90초일 때, 선반의 회전수$[\text{rpm}]$는 몇인가?

① 320rpm   ② 22rpm   ③ 420rpm
④ 520rpm   ⑤ 62rpm

• 정답 풀이 •

선반의 1회 기준 가공시간

가공시간$(T) = \dfrac{L}{NS}$ [단, L: 길이 N: 회전수 S: 이송]

이때, 가공시간(T)은 $\min$(분)이 기준이므로 1회 기준으로 바꿔주면 1회 가공 시 $\dfrac{45}{60}$ 분의 시간이 걸리게 된다.

2회 90초 → 1회 45초 → $T[\min] = \dfrac{45}{60}$

$\therefore N[\text{rpm}] = \dfrac{L}{TS} = \dfrac{60}{\dfrac{45}{60} \times 0.25} = \dfrac{60 \times 60 \times 4}{45} = 320\text{rpm}$

16 다음 중 소성가공에 대한 설명으로 옳지 않은 것은?

① 소성가공은 다시 원래로 돌아오지 못하는 상태를 의미한다.
② 소성가공의 종류로 단조, 압연, 인발, 압출 등이 있다.
③ 냉간가공과 열간가공은 재결정 온도를 기준으로 나뉜다.
④ 소성가공은 균일한 제품을 대량생산이 가능하고 재료의 손실량을 최소화시킬 수 있다.
⑤ 열간가공은 치수 정밀도가 좋으며 매끄러운 표면을 얻을 수 있다.

정답 풀이 ·

① 소성가공은 외력을 제거해도 원래 상태로 완전히 복귀되지 않고 변형되는 형태를 소성이라고 한다. 즉, 영구변형을 일으키는 가공을 소성가공이라고 한다.
② 소성가공의 종류로 단조, 압연, 인발, 압출, 제관, 전조, 프레스 가공 등이 있다.
③ 냉간가공과 열간가공은 재결정 온도를 기준으로 나뉜다.
④ 소성가공은 균일한 제품을 대량생산이 가능하고 재료의 손실량을 최소화시킬 수 있다.
⑤ 냉간가공은 치수정밀도가 좋으며 매끄러운 표면을 얻을 수 있다.

구분	냉간가공	열간가공
가공온도	재결정 온도 이하	재결정 온도 이상
표면거칠기, 치수정밀도	우수	냉간가공에 비해 거칠다
동력	많이 든다	적게 든다
가공경화	가공경화가 발생하여 가공품의 강도 증가	발생하지 않음

열간가공은 재결정 온도 이상에서 가공하는 것이기 때문에 재결정시키고 가공하는 것을 말한다. 재결정시켰다는 것은 새로운 결정핵이 생성되었다는 것을 말한다. 새로운 결정핵은 크기도 작고 매우 무른 상태이기 때문에 강도가 약하다. 따라서 연성이 우수한 상태이므로 가공도가 커짐으로써 동력이 적게 들고 가공시간이 빨라지므로 열간가공은 대량생산에 적합하다. 그리고 재결정 온도 이상으로 장시간 유지하면 새로운 신결정이 성장하므로 결정립이 커지게 된다. 이것을 조대화라고 하며, 성장하면서 배열을 맞추므로 재질의 균일화라고 표현된다. 또한, 높은 온도에서 가공을 실시하기 때문에 산화가 발생되며 따라서 제품 표면이 거칠게 된다.
냉간가공은 가공경화가 발생하고 열간가공은 가공경화가 발생하지 않는다. 따라서, 소성가공은 가공경화가 발생한다라는 말은 옳지 못하다. 소성가공에는 냉간가공과 열간가공이 포함되기 때문이다.

17 탄성계수 $E = 30\text{GPa}$, 전단탄성계수 $G = 10\text{GPa}$일 때의 푸아송비는?

① 0.1   ② 0.2   ③ 0.3   ④ 0.4   ⑤ 0.5

정답 풀이 ·

[푸아송비와 종탄성계수 & 전단탄성계수의 관계식]
$$mE = 2G(m+1) = 3k(m-2) \cdots \text{㉠}$$
㉠ 식 중 $mE = 2G(m+1)$을 활용하면, m = 푸아송수이므로
$m \times 30 = 2 \times 10(m+1) \rightarrow 30m = 20m + 20 \rightarrow 10m = 20 \rightarrow m = 2$가 된다.
푸아송수(m)과 푸아송비(ν)는 역수 관계이므로 $\nu = \dfrac{1}{m}$이 된다. 즉, $\nu = \dfrac{1}{2} = 0.5$

18 왕복 피스톤 펌프에서 공기실(air chamber)을 설치하는 이유는?

① 유량을 일정하게 유지해 수격현상을 방지하기 위해서
② 흡입관으로 물속의 불순물이 들어가는 것을 방지해주는 역할을 하기 위해서
③ 흡입관 안에 들어간 물을 역류하지 못하게 하기 위해서
④ 서징현상으로부터 펌프의 보호를 위해서
⑤ 공동현상을 방지하기 위해서

·정답 풀이·

공기실(Air Chamber): 액체의 유출을 고르게 하기 위해서 공기가 들어 있는 방이다. 일반적으로 액체는 팽창성, 압축성이 작으므로 그 속도를 급변하게 되면 충돌이나 압력강하 현상이 일어나게 된다. 이는 곧 수격현상을 일으키게 되고 이를 방지하기 위해 설치된 공기가 차 있는 곳을 공기실이라고 한다.
✓ 공기실은 송출관 안의 유량을 일정하게 유지시켜 수격현상을 방지해준다.

19 롤러체인의 피치 $10\,\text{mm}$, 파단하중 22kN 이며, 스프로킷 회전수는 $N = 600\,\text{rpm}$, 잇수 $Z = 20$, 안전율은 5이다. 이때의 스프로킷 전달동력 H_{kW}은?

① 4.4kW   ② 5.5kW   ③ 6.6kW
④ 7.7kW   ⑤ 8.8kW

·정답 풀이·

스프로킷 휠(sprocket wheel): 롤러 체인을 감을 수 있도록 이가 달린 바퀴
[※ 스프로킷 휠 동력을 물어보는 문제는 많이 제출되지 않았으므로 수험생들이 많이 낯설어 할 수도 있는 내용이다. 이번에 스프로킷 전달동력 공식을 암기하자.]

• 스프로킷 휠 속도(v)

$$v = v_1 = v_2 = \frac{\pi D_1 N_1}{60 \times 1{,}000} = \frac{\pi D_2 N_2}{60 \times 1{,}000}$$

[여기서, D_1, D_2: 양 스프로킷 휠의 피치원지름(mm), N_1, N_2: 양 스프로킷 휠의 회전수(rpm)]

단, $\pi D = pZ$ 이므로 → $v = v_1 = v_2 = \dfrac{pZ_1 N_1}{60 \times 1{,}000} = \dfrac{pZ_2 N_2}{60 \times 1{,}000}$ ··· ㉠

㉠ 식에 문제에 주어진 조건을 대입하면, $v = \dfrac{10 \times 20 \times 600}{60 \times 1{,}000} = 2\text{m/s}$ 이다.

• 스프로킷의 전단동력(H_{kW})

$$H_{\text{kW}} = Fv = \frac{F_B}{S} \times v = \frac{22}{5} \times 2 = \frac{44}{5} = 8.8\text{kW} \quad [\text{여기서, } F_B: \text{파단하중(kN)}, \ S: \text{안전율}]$$

정답 18. ①   19. ⑤

20 브레이크 드럼 축에서 $500\text{N} \cdot \text{m}$의 토크가 작용하고 있을 때 이 축을 정지시키는 데 필요한 최소 제동력은? [단, 브레이크 드럼의 지름은 500mm]

① $1{,}000\text{N} \cdot \text{m}$
② $2{,}000\text{N} \cdot \text{m}$
③ $3{,}000\text{N} \cdot \text{m}$
④ $4{,}000\text{N} \cdot \text{m}$
⑤ $5{,}000\text{N} \cdot \text{m}$

• 정답 풀이 •

브레이크드럼을 제동하는 제동토크(T)

$$T = \mu P \frac{D}{2} = f \frac{D}{2}$$

$T = 500\text{N} \cdot \text{m}$, $D = 500\text{mm}$이고, 드럼의 접선 방향 제동력 $f = \mu P$(μ은 브레이크 드럼과 볼록 사이의 마찰계수)

$$f = \frac{2T}{D} = \frac{2 \times 500}{0.5} = 2{,}000\,\text{N} \cdot \text{m}$$

21 직경이 20mm인 회전축이 있다. 이 키의 폭이 4mm이고 $200\text{N} \cdot \text{mm}$의 토크를 받고 있다. 이 때의 키(key)의 허용전단응력 $\tau_k = 100\text{MPa}$일 때, 축에 사용할 묻힘키(key)의 길이[mm]는?

① 0.03　　② 0.05　　③ 0.07　　④ 0.09　　⑤ 0.1

• 정답 풀이 •

[Key에 작용하는 전단응력(τ_k)]

$$\tau_k = \frac{W}{A} = \frac{W}{bl} = \frac{\dfrac{2T}{d}}{bl} = \frac{2T}{bld}$$

즉, $\tau_k = \dfrac{2T}{bld}$ 이고 문제에서 주어진 조건을 식에 대입하면,

$$l = \frac{2T}{bd\tau_k} = \frac{2 \times 200}{4 \times 20 \times 100} = 0.05\text{mm}$$

정답 **20.** ②　**21.** ②

22 리벳이음에서 리벳의 허용전단응력을 고려하여 가할 수 있는 최대 하중 $W = 1,000\text{kN}$, 리벳지름 $d = 10\text{mm}$일 때, 리벳 허용 전단응력 $\tau_a(\text{GPa})$는?

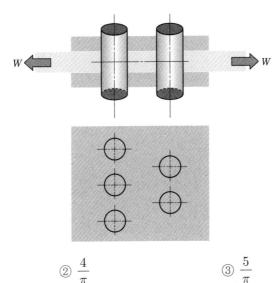

① $\dfrac{3}{\pi}$

② $\dfrac{4}{\pi}$

③ $\dfrac{5}{\pi}$

④ $\dfrac{6}{\pi}$

⑤ $\dfrac{7}{\pi}$

· 정답 풀이 ·

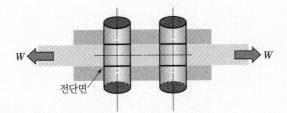

먼저, 리벳에 총 몇 개의 전단면(n)이 생기는지 파악해야 한다.

그림을 보면 양쪽 덮개 판으로 되어 있고 5개의 리벳이 존재하고 있다. 몇 개의 전단면이 생기는지 파악하면 된다.

양쪽 덮개 판이므로 그림과 같이 1개의 리벳에 총 2개의 전단면(굵은 부분)이 위아래로 발생한다. 리벳이 5개이므로 총 전단면의 수는 10개가 된다. 따라서, n(전단면의 수) = 10이다.

· 리벳의 허용 전단응력[τ_a]

$$\rightarrow \tau_a = \frac{W}{\frac{\pi}{4}d^2n} = \frac{4W}{\pi d^2 n} = \frac{4 \times 1,000}{\pi \times 100 \times 10} = \frac{4}{\pi}$$

23 호칭 치수가 $200\mathrm{mm}$이고 사인바로 $20.5°$를 만들었을 때, 낮은 쪽 높이가 $7\mathrm{mm}$였다. 그렇다면 높은 쪽의 높이는 몇 mm인가? [단, $\sin 20.5° = 0.35$]

① 55mm ② 66mm ③ 77mm

④ 88mm ⑤ 99mm

• 정답 풀이 •

[사인바가 이루는 각(θ)]

$$\sin\theta = \frac{H-h}{L} \cdots \text{⑦}$$

[여기서, L : 양 롤러 사이의 중심거리 = 호칭 치수]
⑦의 식에 주어진 조건을 대입하면, 사인바의 높은
쪽 높이 $H[\mathrm{mm}]$는

$$0.35 = \frac{H-7}{200} \rightarrow 200 \times 0.35 = H-7 \rightarrow H = 77\mathrm{mm}$$

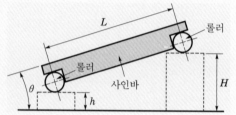

24 지름이 $2\mathrm{mm}$이고 $500\mathrm{MPa}$ 내압이 작용하는 원통형 압력용기의 최대 사용응력이 $300\mathrm{MPa}$이다. 이때의 용기의 두께는 약 몇 mm인가? [단, 안전계수 $S = 3$]

① 2mm ② 3mm ③ 4mm

④ 5mm ⑤ 6mm

• 정답 풀이 •

[원통형 압력 용기의 두께]

$$\sigma_1 = \frac{PD}{2t} \le \sigma_a \rightarrow t \ge \frac{PD}{2\sigma_a}$$

용기의 두께는 원주방향의 응력 σ_1으로 해석한다.

강판의 허용 인장응력 $\sigma_a = \dfrac{\sigma_u}{S}$, σ_u = 최대 사용 응력이므로 조건을 대입하면

$$\sigma_a = \frac{\sigma_u}{s} = \frac{300}{3} = 100\mathrm{MPa}이므로 \ t = \frac{Pd}{2\sigma_a} = \frac{500 \times 2}{2 \times 100} = 5\mathrm{mm}$$

25 가솔린 기관과 비교하였을 때 디젤기관의 특징을 모두 고른 것은?

> ㄱ. 한랭 시 시동이 용이하며 출력 당 중량이 낮고 제작비가 싸다.
> ㄴ. 고속에서 큰 회전력이 생기며 회전력 변화가 크다.
> ㄷ. 사용연료 범위가 넓으며 대출력 기관을 만들기 쉽다.
> ㄹ. 연소속도가 느린 중유, 경유를 사용해 기관의 회전속도를 높이기가 어렵다.
> ㅁ. 연료소비율과 연료소비량이 낮으며 열효율이 좋다.

① ㄱ, ㄴ, ㄷ
② ㄱ, ㄷ, ㅁ
③ ㄷ, ㄹ, ㅁ
④ ㄴ, ㄷ, ㄹ
⑤ ㄱ, ㄴ, ㄹ

• 정답 풀이 •

저자는 18년도 하반기 한국공항공사에서 뿐만이 아니라 최근 19년도 하반기 서울주택도시공사에서까지 종종 디젤 엔진과 가솔린 엔진을 비교하는 개념이 출제되고 있다. 두 기관의 특징비교는 자주 출제되므로 **꼭 암기하자.**

디젤 엔진(압축 착화)	가솔린 엔진(전기불꽃점화)
인화점이 높다.	인화점이 낮다.
점화장치, 기화장치 등이 없어 고장이 적다.	점화장치가 필요하다.
연료소비율과 연료소비량이 낮으며 연료가격이 싸다.	연료소비율이 디젤보다 크다.
일산화탄소 배출이 적다.	일산화탄소 배출이 많다.
질소산화물이 많이 생긴다.	질소산화물 배출이 적다.
사용할 수 있는 연료의 범위가 넓고 대출력 기관을 만들기 쉽다.	고출력 엔진제작이 불가능하다
압축비 12~22	압축비 5~9
열효율 33~38%	열효율 26~28%
압축비가 높아 열효율이 좋다.	회전수에 대한 변동이 크다.
연료의 취급이 용이, 화재의 위험이 적다.	소음과 진동이 적다.
저속에서 큰 회전력이 생기며 회전력의 변화가 적다.	연료비가 비싸다
출력 당 중량이 높고 제작비가 비싸다.	제작비가 디젤에 비해 비교적 저렴하다.
연소속도가 느린 중유, 경유를 사용해 기관의 회전속도를 높이기가 어렵다.	—

정답 25. ③

26 다음 중 개수로 유량측정 방법으로 옳지 않은 것은?

① 대유량을 측정하려면 광봉위어 및 예봉(예언)위어를 사용하고 소유량을 측정하려면 삼각위어를 사용한다. 그리고 중간유량을 측정하려면 사각위어를 사용한다.
② 단면의 평균 유속을 구하는 식으로 경심, 동수구배, 조도계수를 사용한 매닝(manning) 공식이 사용된다.
③ 개수로에서 유속을 측정할 때 사용하는 프로펠러 유속계는 수면에 맞닿게 하여 수면 위에서 측정해야 한다
④ 개수로의 유량을 측정하는 보(weir)의 종류 중 삼각위어는 사각위어보다 더 정밀한 유량측정이 가능하다.
⑤ 개수로의 유량을 정밀하게 파악하기 위해 개수로의 단면적을 파악하는 것이 중요하다.

▶정답 풀이◀

[개수로 유동] 대기와 접하여 흐르는 유동. 완전히 고체 경계면에 둘러싸이지 않고 경계면 일부가 항상 대기에 접해서 흐르는 유체의 운동 → 개수로에서의 임계레이놀즈수 $Re = 500$
[개수로에서 평균유속을 구하는 방법]
• Manning의 평균유속 공식

$$V = \frac{1}{n} R^{\frac{2}{3}} I^{\frac{1}{2}}$$

[여기서, V: 평균유속, n: 관의 거칠기를 나타내는 조도계수, R: 경심, I: 동수경사(동구구배)]
• Chezy의 평균유속 공식
$$V = C\sqrt{RI}$$
[여기서, V: 평균유속, C: Chezy의 평균유속 계수, R: 경심, I: 동수경사(동구구배)]
• Hagen-Williams의 평균유속 공식
$$V = 0.85 CR^{0.63} I^{0.54}$$
$$Q = 0.28 CD^{2.63} I^{0.54}$$
[여기서, V: 평균유속, C: Hagen-Williams의 평균유속 계수, R: 경심, I: 동수경사(동구구배)
Q: 유량, D: 관의 직경]
[프로펠러 유속계] 개수로에서 유속을 측정하는 프로펠러 유속계는 수면에 맞닿게 설치하게 되면 수면 밖에 도는 프로펠러 날개는 공기 중에서 헛돌게 되며, 공기와 물의 비중 차이가 있어서 프로펠러 회전의 부하가 달라지기 때문에 정확한 유속측정이 어렵다. 프로펠러 유속계는 수면 내에 완전히 잠기게 해서 사용한다.
[위어] 개수로에서의 유량을 측정하는 곳에 사용된다.
• 예봉(예연)위어: 대유량 측정에 사용한다.
• 사각위어: 중간유량측정에 사용한다. $Q = KLH^{\frac{3}{2}} [\text{m}^3/\text{min}]$
• 광봉위어: 대유량 측정에 사용한다.
• v놋치위어(=삼각위어): 소유량 측정에 사용한다. $Q = KH^{\frac{5}{2}} [\text{m}^3/\text{min}]$

정답 26. ③

27 다음 중 열역학 제2법칙에 관한 설명으로 틀린 것은?

① 열은 고온의 물체에서 저온의 물체 쪽으로 흘러가고 스스로 저온에서 고온으로 흐르지 않는다.
② 자연계에서 아무런 변화를 남기지 않고 어느 열원의 열을 계속해서 일로 바꾸는 제2종 영구기관
은 있을 수 없다.
③ 한 밀폐계에서 일이 주어지면 이 일을 하는 만큼 열로 변화할 수 있다.
④ 팽창밸브에서 일어나는 교축과정은 제2법칙에 의해 비가역과정이라고 할 수 있다.
⑤ 절대온도의 눈금을 정의하며 에너지의 방향성을 제시한다.

▶ **정답 풀이** ◀

[열역학 법칙]
- **열역학 제0법칙**: 온도가 다른 두 물체를 접촉시키면 온도가 높은 물체의 온도는 내려가고 온도가 낮
  은 물체의 온도는 올라가서 결국 열이 평형을 이룬다는 법칙. 온도계의 원리를 제공한다.
- **열역학 제1법칙**: 에너지보존의 법칙으로 "어떤 계의 내부에너지의 증가량은 계에 더해진 열 에너지
  에서 계가 외부에 해준 일을 뺀 양과 같다." 즉, 열과 일의 관계를 설명하는 법칙으로 열과 일 사이
  에는 전환이 가능한 **일정한 비례관계**가 성립한다. 따라서, 열량은 일량으로 일량은 열량으로 환산이
  가능하므로 **열과 일 사이의 에너지 보존의 법칙이 적용**한다. 열역학 제1법칙은 가역&비가역을 막론
  하고 모두 성립한다.
- **열역학 제2법칙**: 일을 하는 만큼 열이 발생하지만 열을 내는 만큼 일을 할 수 없다. 비가역법칙, 즉
  엔트로피를 정의하는 법칙이다.
  ⓔ 교축, 열의이동, 삼투압현상, 마찰, 확산 등
  − 클라우시우스의 표현: 에너지의 방향성을 밝힌 표현
    → 성적계수가 무한대인 냉동기의 제작은 불가능하다.
  − 켈빈−플랑크의 표현: 열효율이 100%인 기관은 존재할 수 없다.
  − 오스트발트의 표현: 자연계에서 아무런 변화를 남기지 않고 어느 열원의 열을 계속해서 일로 바꾸
    는 제 2종 영구기관은 존재할 수 없다.
- **열역학 제3법칙**: 온도가 0K에 근접하면 엔트로피가 0에 근접한다는 법칙

28 강재봉이 그림과 같이 수평 상태로 매달려 있다. $W = 9\text{N}$ 의 힘이 작용할 때 봉이 기울어지지 않
기 위한 스프링 상수 $k_3[\text{kN/m}]$는? [단, 봉과 스프링의 무게는 무시한다.]

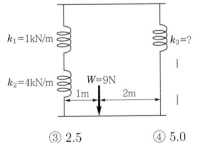

① 0.2   ② 0.4   ③ 2.5   ④ 5.0   ⑤ 10.0

정답 27. ③ 28. ②

· 정답 풀이 ·

이런 문제를 접했을 때 접근하는 감을 익히는 것이 중요하다. 강재봉이 양단에 스프링에 의해 수평으로 나누어져 있고 9N의 힘을 받고 있다면 양단의 스프링에 걸리는 힘이 각각 있다는 것이 파악되어야 한다. 하중 9N의 힘은 왼쪽 스프링에 1m 떨어져 있고 오른쪽 스프링에 2m 떨어져 있으므로 길이 비는 1:2를 형성하고 있다. 힘의 작용은 길이에 반비례한다. 즉, 멀리 있을수록 작은 힘으로도 큰 무게를 들 수 있다. 이는 아르키메데스가 긴 지렛대와 지렛목(받침점)만 있으면 지구라도 들어 보이겠다고 했던 지렛대의 원리와 관련되어 있다. 지렛대의 원리에 의해 왼쪽 스프링과 오른쪽 스프링의 길이의 비가 1:2 상태에서 기울어지지 않고 수평을 유지하기 위해서는 왼쪽 스프링과 오른쪽 스프링이 부담해야 할 힘의 비는 2:1임을 알 수 있다. 전체 힘이 9N에 힘의 비가 2:1이므로 왼쪽 스프링에는 6N의 힘이 오른쪽 스프링에는 3N의 힘이 부담되고 있다.

[스프링상수]

$$직렬연결 = \frac{1}{k_{eq}} = \frac{1}{k_1} + \frac{1}{k_2} + \cdots + \frac{1}{k_n}$$

$$병렬연결 = k_{eq} = k_1 + k_2 + \cdots + k_n$$

• 왼쪽 스프링: 스프링 2개가 서로 직렬연결되어 있다.

$$\frac{1}{k_{12}} = \frac{1}{k_1} + \frac{1}{k_2} = \frac{1}{1} + \frac{1}{4} \rightarrow \therefore k_{12} = 0.8\text{N/m}$$

$$\rightarrow k_{12} = \frac{P_{12}}{\delta} \rightarrow \delta = \frac{6\text{N}}{0.8\text{N/m}} = 7.5\text{m} \cdots ①$$

• 오른쪽 스프링

$$k_3 = x\text{N/m} \rightarrow \delta = \frac{3\text{N}}{x\text{N/m}} \cdots ②$$

서로 기울어지지 않고 수평을 유지해야 하기 때문에 ① = ②가 된다.

즉, $7.5 = \dfrac{3}{x}$ $\therefore x = 0.4\text{m}$

29 300°C의 이상기체 1kg을 일정한 압력으로 500°C로 온도를 상승시킬 때 열량의 변화량은 얼마인가? [단, 300°C일 때의 비엔탈피는 8kJ/kg이며, 600°C일 때의 비엔탈피는 14kJ/kg이다.]

① 1kJ/kg   ② 2kJ/kg   ③ 3kJ/kg   ④ 4kJ/kg   ⑤ 5kJ/kg

· 정답 풀이 ·

줄의 법칙: 이상기체에서 **내부에너지와 엔탈피는 온도만의 함수**이다. 즉, $du = C_v dT / dh = C_p dT$가 성립한다. 줄의 법칙에서 엔탈피와 온도는 서로 일차함수형태를 띤다. 즉 온도에 따라 엔탈피는 일정하게 증가하거나 감소한다. 300°C일 때의 비엔탈피는 8kJ/kg이며, 600°C일 때의 비엔탈피는 14kJ/kg이라면 300°C 올라갈 때 비엔탈피는 6kJ/kg 증가했기 때문에 100°C 오를 때마다 비엔탈피는 2kJ/kg가 증가함을 알 수 있다. 즉, 500°C에서의 비엔탈피는 12kJ/kg가 된다. $dq = dh - vdp$에서 일정한 압력이므로 $-vdp$항은 생략된다.

$$\therefore dq = (h_2 - h_1) = 12 - 8 = 4\text{kJ/kg}$$

정답 29. ④

30 다음과 같이 폭이 3cm, 높이 2cm의 외팔보 자유단에 하중 12N이 작용할 때, 이 보에 작용하는 처짐은 얼마인가? [단, 보의 길이는 2m이며, 종탄성계수 E=100GPa이다.]

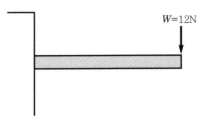

① 0.2cm ② 0.4cm ③ 0.8cm

④ 1.2cm ⑤ 1.6cm

• 정답 풀이 •

식은 책 뒷면에 첨부된 부록(재료역학 공식 모음집)을 참고해주세요!

외팔보에 작용하는 처짐량 $\delta = \dfrac{Pl^3}{3EI}$

직사각형의 단면2차모멘트 $I = \dfrac{bh^3}{12}$

우선, 폭 $b = 0.03$m, 높이 $h = 0.02$m로 단면2차모멘트를 구한다.

$I = \dfrac{0.03 \times (0.02)^3}{12} = 2 \times 10^{-8} \text{m}^4$

단면2차모멘트값을 외팔보의 처짐량 식에 대입하면

$\delta = \dfrac{12 \times 10^{-3} \times 2^3}{3 \times 10^8 \times 2 \times 10^{-8}} = 0.016 \text{m} = 1.6\text{cm}$

31 다음과 같이 물이 담겨 있는 단면적 3m^2의 U자관에 비중이 0.8인 기름 6m^3를 넣어 오른쪽 그림과 같이 되었다면 유면과 수면의 높이 차(h)는?

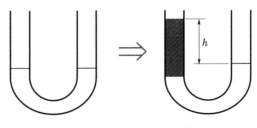

① 0.1m ② 0.2m ③ 0.3m ④ 0.4m ⑤ 0.5m

정답 30. ⑤ 31. ④

• 정답 풀이 •

$P = \gamma h$를 통해, U자관에서의 압력을 구한다.

그림에서 나오는 U자관은 우측과 좌측 모두 대기압과 접해 있기 때문에 대기압부터 정리하며, 압력을 해석할 때 방향이 아래로 향할 때에는 (+), 위로 향할 때에는 (−)의 부호를 가진다.

이를 정리하면,

$P_a + \gamma_{기름}h_{기름} - \gamma_{물}h_{물} = P_a$ → $\gamma_{기름}h_{기름} = \gamma_{물}h_{물}$

→ $\gamma_{기름}h_{기름} = \gamma_{물}h_{물}$ → ∴ $0.8h_{기름} = h_{물}$

또한, $h = h_{기름} - h_{물}$이므로 $h = 0.2h_{기름}$이다.

단면적이 $3m^2$인 관에 기름 $6m^3$를 넣었기 때문에 기름의 높이($h_{기름}$)는 $2m$임을 알 수 있다.

∴ $h = 0.2h_{기름} = 0.2 \times 2 = 0.4m$

32 다음 중 증기원동소 사이클인 랭킨사이클에서 작동유가 흐르는 순서로 옳은 것은?

① 터빈 → 보일러 → 펌프 → 응축기

② 응축기 → 보일러 → 터빈 → 펌프

③ 펌프 → 터빈 → 응축기 → 보일러

④ 보일러 → 터빈 → 응축기 → 펌프

⑤ 응축기 → 보일러 → 터빈 → 펌프

• 정답 풀이 •

[증기원동소 사이클]

• 종류: 랭킨사이클, 재생사이클, 재열사이클, 재열−재생사이클, 2유체사이클 등

• 구성: 보일러(정압가열) → 터빈(단열팽창) → 응축기(정압방열) → 급수펌프(단열압축)

참고

랭킨사이클: 증기원동소 사이클로 2개의 **정압변화**와 2개의 **단열변화**를 가지고 있다.

열은 보일러에서 입력되어 터빈과 펌프에서 출력이 되나, 펌프의 일은 터빈에 비해 극소이므로 펌프일을 무시하고 표현되기도 한다.

$$\eta_R = \frac{출력}{입력} = \frac{터빈일 + 펌프일}{보일러열량(가열량)} ≒ \frac{터빈일}{보일러열량}$$

랭킨사이클의 열효율은 보일러의 압이 높을수록 ⎤

　　　　　　복수기의 압은 낮을수록 ⎢ 높아진다

　　　　　　터빈의 초온, 초압이 높을수록 ⎢

　　　　　　배압은 낮을수록 ⎦

터빈의 출구 온도가 낮으면 터빈날개를 부식시키므로 열효율은 감소한다.

정답 32. ④

33 다음 중 가스터빈의 이상 사이클로 두 개의 정압과정과, 두 개의 단열변화를 가지는 사이클은?

① 오토사이클　　　　　② 디젤사이클　　　　　③ 브레이턴사이클
④ 랭킨사이클　　　　　⑤ 카르노사이클

· 정답 풀이 ·

[사이클의 선도는 책 뒷면에 첨부된 부록(열역학 공식 모음집)을 참고해주세요!]

- **오토사이클**(정적사이클, 가솔린기관, 전기점화기관, 불꽃점화기관, 가스기관, 석유기관, 고속기관)
  공기와 가솔린으로 이루어진 사이클로 가솔린기관의 **공기표준사이클**이다. 압축비를 높이면 노킹이 일어난다. 압축비가 동일할 때 오토사이클, 디젤사이클, 사바테사이클 중 오토사이클이 효율이 제일 좋으나 노킹 때문에 압축비를 많이 올릴 수 없다. 2개의 **정적과정**, 2개의 **단열과정**
- **디젤사이클**(정압사이클, 저·중속디젤, 압축착화기관)
  압축비를 높여도 노킹이 일어나지 않는다. 효율은 압축비와 단절비와의 함수이며, 압축비는 크고 단절비는 작을수록 효율은 증가한다. 1개의 **정압과정**, 1개의 **정적과정**, 2개의 **단열과정**
- **브레이턴 사이클**(가스터빈의 이상사이클, 정압연소사이클, 줄 사이클, 공기 냉동기의 역사이클)
  2개의 정압과정과 2개의 단열과정

☆ 압력비(γ) = $\dfrac{\text{최대압력}}{\text{최소압력}}$　　☆ 열효율(η_B) = $1 - \left(\dfrac{1}{\gamma}\right)^{\frac{k-1}{k}}$

→ 열효율은 압력비만의 함수이며, 압력비가 클수록 열효율은 증가한다.

참고

가스터빈의 3대 구성 요소는 압축기, 연소기, 터빈이며 터빈에서 생산되는 일의 40~80%를 압축기에서 소모한다.

34 60kg/min의 석탄을 소비하여, $7{,}200\text{kW}$의 출력을 내는 증기터빈이 있다. 석탄의 발열량이 $18{,}000\text{kJ/kg}$이라면, 이 증기터빈의 열효율은?

① 20%　　　　　② 40%　　　　　③ 60%
④ 80%　　　　　⑤ 100%

· 정답 풀이 ·

[증기터빈 열효율]

효율 = $\dfrac{\text{출력}}{\text{입력}} \times 100 [\%]$

→ 입력 = 석탄의 소비량 × 석탄의 발열량
　　 = $1\text{kg/s} \times 18{,}000\text{kJ/kg} = 18{,}000\text{kJ/s}(= \text{kW})\,(60\text{kg/min} = 1\text{kg/s})$

∴ 효율 = $\dfrac{\text{출력}}{\text{입력}} \times 100[\%] = \dfrac{7{,}200}{18{,}000} \times 100 = 40\%$

정답　33. ③　34. ②

35 뉴턴의 점성법칙에 전단응력(τ)은 $\mu\left(\dfrac{du}{dy}\right)$로 나타낼 수 있다. 그렇다면 점성계수($\mu$)의 단위는 어떻게 나타낼 수 있는가? [단, $\dfrac{du}{dy}$는 속도구배를 나타낸다.]

① N

② $N \cdot s$

③ $N \cdot m/s$

④ $N \cdot s/m^2$

⑤ $N \cdot m^2/s$

· 정답 풀이 ·

유체역학뿐만 아니라 재료역학, 열역학, 동역학 같은 역학문제는 단위싸움이 정말 중요하다. 이런 문제는 단위싸움에 익숙한 사람들에게는 그냥 주는 문제이므로 꼭 챙겨가길 바란다.

전단응력 $\tau = \mu\left(\dfrac{du}{dy}\right)$이다. 이를 점성계수($\mu$)에 대하여 정리하면

$$\mu = \tau \times \left(\dfrac{dy}{du}\right) \rightarrow \mu(점성계수) = N/m^2 \times \dfrac{m}{m/s} = N \cdot s/m^2$$

참고 --

점성계수(μ)의 단위로 Poise가 사용된다.

$$1\text{Poise} = 1\text{dyne} \cdot s/cm^2 = 1g/s \cdot cm = \dfrac{1}{10} N \cdot s/m^2$$

36 다음 그림과 같이 $\varnothing 100$인 수관에 물이 $2m/s$로 흐르다가 관이 $\varnothing 10$으로 줄어 들었다면, 이때의 물의 속도는 얼마인가?

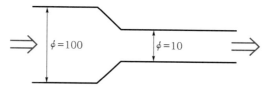

① $50m/s$

② $100m/s$

③ $150m/s$

④ $200m/s$

⑤ $250m/s$

· 정답 풀이 ·

연속방정식(18년도 하반기 2차 한국가스공사에 개념을 묻는 문제가 출제되었다.)

흐르는 유체에 질량보존의 법칙을 적용한 것.

• 질량유량: $Q = \rho A V$(압축성 유체일 때)

• 체적유량: $Q = A V$(축성 유체일 때)

물은 비압축성 유체이므로, $Q = A V = \dfrac{\pi d^2}{4} \times V$를 적용한다. $\varnothing 100$일 때와 $\varnothing 10$일 때의 유량은 같기 때문에

$$\dfrac{\pi 100^2}{4} \times 2 = \dfrac{\pi 10^2}{4} \times V_2 \quad \therefore V_2 = 200m/s$$

정답 **35.** ④ **36.** ④

37 지름이 $10cm$인 원통 관에 물이 흐르고 있다. 이 물의 동점성계수가 $1.2 \times 10^{-3}[m^2/s]$일 때, 이 물의 속도는 얼마인가? [단, 임계레이놀즈수 = 2,000]

① $12m/s$　　　　② $24m/s$　　　　③ $33m/s$
④ $50m/s$　　　　⑤ $140m/s$

• 정답 풀이 •

[레이놀즈수]
층류와 난류를 구분하는 척도가 되는 값
• 종류
　– 하임계 레이놀즈수: 난류에서 층류로 바뀌는 임계값(약 2,100)
　– 상임계 레이놀즈수: 층류에서 난류로 바뀌는 임계값(약 4,000)
• 물리적인 의미 $= \dfrac{관성력}{점성력}$

• $Re = \dfrac{vd}{\nu} = \dfrac{\rho vd}{\mu}$

레이놀즈수(Re)는 2,000이며, 지름(d)은 0.1m, 동점성계수(ν)는 $1.2 \times 10^{-3}[m^2/s]$를 식에 대입하여 v에 대하여 정리하면,

$$v = \frac{2,000 \times 1.2 \times 10^{-3}}{0.1} = 24m/s$$

38 코일스프링의 평균지름이 3배가 증가되면 처짐량은 몇 배가 증가되는가?

① 3배　　　　② 9배　　　　③ 27배
④ 81배　　　　⑤ 243배

• 정답 풀이 •

스프링의 처짐량(δ)

$$\delta = \frac{8nPD^3}{Gd^4}$$

[여기서, n: 스프링의 유효 감김수, P: 스프링하중, D: 코일의 평균지름,
　　　 G: 전단탄성계수, d: 소선의 지름]
처짐량(δ)는 스프링의 평균지름 D^3에 비례한다.
즉, 평균지름이 3배 증가하면, 처짐량은 $3^3 = 27$배 증가함을 알 수 있다.

39 성능계수가 5인 냉동기가 $3,600\text{kJ/min}$의 열을 흡수한다. 이 냉동기를 작동하기 위한 동력은 몇 $[\text{kW}]$인가?

① 5kW   ② 9kW   ③ 12kW

④ 22kW   ⑤ 27kW

▶ 정답 풀이 ◀

성능계수: 성능계수는 냉동기에서 사용하는 효율과 같은 개념이다.

열기관에서는 열을 사용하는 데 목적을 두지만 냉동기는 열을 흡수하는 데 목적을 두기 때문에 효율과 성능계수는 수식상 역수관계를 가진다.

냉동기의 성능계수 $(\varepsilon_r) = \dfrac{q_2}{w_c}$

위 식에 문제에서 나온 수치를 대입하면, $5 = \dfrac{60\text{kJ/s}}{w_c}$ ($\because 3,600\text{kJ/min} = 60\text{kJ/s}$)

$\therefore w_c = 12\text{kJ/s} \,(=\text{kW})$

40 대기압이 100kPa일 때, 진공계로 진공압을 측정했을 때 40kPa이었다면, 절대압력은 몇 kPa인가?

① 40kPa   ② 60kPa   ③ 100kPa

④ 120kPa   ⑤ 140kPa

▶ 정답 풀이 ◀

• **계기압**: 대기압을 기준으로 하여 그 이상의 압력을 압력계로 측정하는 압력

• **진공압**: 대기압을 기준으로 하여 그 이하의 압력을 진공계로 측정하는 압력

• **절대압**: 완전진공을 기준으로 하여 측정한 압력

  → 절대압 = 대기압 + 계기압

  → 절대압 = 대기압 − 진공압

  ∴ 절대압 = 대기압 − 진공압

         $= 100 - 40 = 60\text{kPa}$

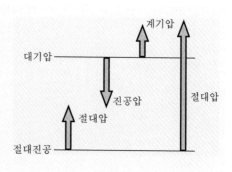

41 다음 중 내연기관의 전체체적이 800m^3이고, 행정체적이 720m^3일 때, 내연기관의 압축비는?

① 10   ② 20   ③ 30   ④ 40   ⑤ 50

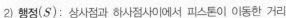

> **• 정답 풀이 •**
>
> - **하사점**: 내연기관에서 실린더내의 피스톤이 상하로 움직이며 압축할 때, 피스톤이 최하점으로 내려왔을 때의 점
> - **상사점**: 피스톤은 아래에서 잡아주는 연결부의 길이제한에 의해서 혹은 압축된 기체의 압에 의해 실린더의 윗벽까지 도달하지 못하고 어느 정도 공간을 남기고 최고점을 찍을 때의 점
>
>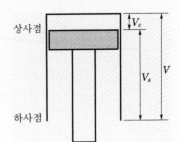
>
> 1) **실린더체적**(V): 피스톤이 하사점에 위치할 때의 체적
>
> $$V = V_c + V_s$$
>
> 2) **행정**(S): 상사점과 하사점사이에서 피스톤이 이동한 거리
> 3) **행정체적**(V_s): 행정에 의해서 형성되는 체적
>
> $$V_s = AS = \frac{\pi d^4}{4} \times S$$
>
> 4) **통극체적(간극체적, 연소실체적, 극간체적)**(V_c):
>   피스톤이 상사점에 있을 때의 체적
> 5) **통극체적비(극간비)**: $\lambda = \dfrac{V_c}{V_s}$
> 6) **압축비**(ε) $= \dfrac{V}{V_c}$: 전체 체적(V)이 800m^3이고 행정체적(V_s)이 720m^3이므로, 피스톤이 상사점에 있을 때의 체적 V_c는 80m^3임을 알 수 있다.
>
> $$\therefore \ \varepsilon = \frac{V}{V_c} = \frac{800\text{m}^3}{80\text{m}^3} = 10$$

42 냉수 10L/min의 물을 수냉각식 냉동장치를 이용하여, $15°\text{C}$에서 $9°\text{C}$로 냉각시켰다면, 이때의 냉각능력은 얼마인가? [단, 냉수의 평균비열은 $1\text{kcal/kg} \cdot \text{K}$]

① 600kcal/h   ② 1,200kcal/h   ③ 2,400kcal/h
④ 3,600kcal/h   ⑤ 7,200kcal/h

> **• 정답 풀이 •**
>
> **냉동장치에서 냉동능력**: 열기관에서 말하는 열량. 즉 단위시간당 흡수할 수 있는 열의 양
> $$Q = mCdT = 10 \times 1 \times (15 - 9) = 60\text{kcal/min}$$
> $$\therefore \ 3,600\text{kcal/h}$$
>
> **참고**
> ---
> 물의 경우 $1\text{L} = 1\text{kg}$이다.

정답   41. ①   42. ④

43 90°C의 구리구슬 10kg을 20°C의 물 2kg에 넣었더니, 40°C가 되었다면, 구리의 비열은 얼마인가? [단, 물의 평균비열은 1kcal/kg · K]

① 0.08kcal/kg · K
② 0.12kcal/kg · K
③ 0.54kcal/kg · K
④ 0.76kcal/kg · K
⑤ 0.8kcal/kg · K

• 정답 풀이 •

열역학 제0법칙(열평형의 법칙): 온도가 다른 두 물체를 접촉시키면 온도가 높은 물체의 온도는 내려가고 온도가 낮은 물체의 온도는 올라가서 결국 열은 평형을 이룬다.

- 구리의 열량

$$Q = m_{구리} C_{구리} dT = 10 \times C_{구리} \times (90-40) = 500 C_{구리}$$

- 물의 열량

$$Q = m_{물} C_{물} dT = 2 \times 1 \times (40-20) = 40 \text{kcal}$$

- 열평형의 법칙에 의해 구리의 열량 = 물의 열량

$$500 C_{구리} = 40 \text{kcal} \rightarrow \therefore C_{구리} = 0.08 \text{kcal/kg} \cdot \text{K}$$

44 동일 재료로 만든 길이 L, 지름 D인 축 A와 길이 $2L$, 지름 $2D$인 축 B를 동일한 각도만큼 비틀 때 두 축의 비틀림모멘트 비 $\dfrac{T_A}{T_B}$는?

① $\dfrac{1}{2}$
② $\dfrac{1}{4}$
③ $\dfrac{1}{8}$
④ $\dfrac{1}{16}$
⑤ $\dfrac{1}{32}$

• 정답 풀이 •

- 극 단면 2차 모멘트(I_p): 원점에 대한 단면 2차 모멘트로 $I_p = I_x + I_y$ 로 표현
- 극 단면계수(Z_p) $= \dfrac{I_p}{e}$ [단, e는 최외각거리]

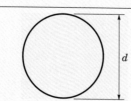

	[원형단면]
d	$I_x = I_y = \dfrac{\pi d^4}{64}$ $I_p = \dfrac{\pi d^4}{32}$ $Z_P = \dfrac{\pi d^3}{16}$

비틀림각(θ) $= \dfrac{TL}{GI_p}$[rad]이며, 원형재료임을 고려하면 $\theta = \dfrac{32TL}{G\pi d^4}$[rad]임을 알 수 있다.

비틀림각이 같으므로, $\dfrac{32 T_A L}{G\pi d^4} = \dfrac{32 T_B (2L)}{G\pi (2d)^4} \rightarrow \dfrac{T_A}{T_B} = \dfrac{G\pi d^4}{32L} \times \dfrac{32(2L)}{G\pi (2d)^4} = \dfrac{1}{8}$

정답 43. ① 44. ③

45 직각삼각형 단면에서 밑변의 길이가 b이고, 높이가 h일 때 밑변에 대해 단면 2차 모멘트는?

① $\dfrac{bh^3}{12}$　　② $\dfrac{bh^3}{16}$　　③ $\dfrac{bh^3}{32}$　　④ $\dfrac{bh^3}{36}$　　⑤ $\dfrac{bh^3}{64}$

> **• 정답 풀이 •**

- 단면 2차 모멘트(= 관성모멘트 I)

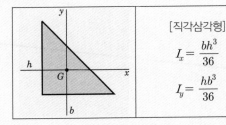

[직각삼각형]
$$I_x = \frac{bh^3}{36}$$
$$I_y = \frac{hb^3}{36}$$

- **평행축정리**: 단면의 평행이동은 단면을 기준으로 기준축이 평행 이동한 것으로 단면 2차 모멘트의 변화를 기술하는 정리를 평행축정리라 한다.

$I' = I + a^2 A$

I' : 평행이동한 단면의 단면 2차 모멘트

I : 도심축을 기준으로 한 단면 2차 모멘트

a : 도심축을 기준으로 평행이동한 거리

A : 모형의 단면적

$$I' = I + a^2 A = \frac{bh^3}{36} + \left(\frac{1}{3}h\right)^2 \times \frac{1}{2}bh = \frac{bh^3}{12}$$

(삼각형의 도심은 $\dfrac{1}{3}h$ 지점이므로, 밑변에 대한 단면 2차 모멘트산출 시 a는 $\dfrac{1}{3}h$이다.)

46 견고한 용기에 들어있는 기체의 초기온도가 $127°C$일 때, 압력과 부피가 각각 100kPa, 1.5m^3이다. 이 기체를 $327°C$까지 온도를 높였을 때 이 기체의 단위 질량당 내부에너지 변화량은?

[단, 이 기체의 기체상수$(R) = 0.5$이며, 정압비열$(C_p) = 0.8\text{kcal/kg} \cdot \text{K}$이다]

① 30kcal/kg　　　　② 60kcal/kg　　　　③ 90kcal/kg

④ 120kcal/kg　　　⑤ 150kcal/kg

> **• 정답 풀이 •**

초기온도: $127°C$, 나중온도: $327°C$ → 온도변화량 dt는 $200°C(= K)$

$dQ = du + pdv$에서 견고한 용기이므로 $dv = 0$, 즉 $dQ = du$이다. 여기서, $dQ = mCdt$이며,

정적상태이므로 정적비열을 사용하여 정리하면, $du = mC_v dt$가 된다.

기체상수 $R = C_p - C_v$이므로 정적비열 $C_v = C_p - R = 0.3\,\text{kcal/kg} \cdot \text{K}$

∴ 단위 질량당 내부에너지 $\dfrac{du}{m} = C_v dt = 0.3 \times 200 = 60\text{kcal/kg}$

47 길이가 10m인 장주가 일단고정, 타단자유 상태에서 압축하중이 걸릴 때 최소회전반경(K)이 5라면, 이 장주의 유효세장비(λ_e)는?

① 1　　　　　② 2　　　　　③ 3　　　　　④ 4　　　　　⑤ 5

· 정답 풀이 ·

- **세장비**: 기둥에 작용하는 좌굴의 강도를 계산할 때 사용되는 지표로 기둥의 길이와 최소 회전반경에 대한 비로 나타낸다.

$$\lambda = \frac{l}{K} \text{ [여기서, } l \text{: 기둥의 길이, } K \text{: 최소회전반경} \left(\sqrt{\frac{I}{A}}\right), I \text{: 단면 2차 모멘트, } A \text{: 단면적]}$$

- **유효세장비(λ_e)**

$$\lambda_e = \frac{\lambda}{\sqrt{n}} \text{ [여기서, } n \text{: 단말계수]}$$

1) 일단고정, 타단자유: $n = \dfrac{1}{4}$　　2) 양단회전: $n = 1$

3) 일단고정, 타단지지: $n = 2$　　4) 양단고정: $n = 4$

$l = 10\text{m}, K = 5$ 이므로 세장비 $\lambda = \dfrac{10}{5} = 2$　$\therefore \lambda_e = \dfrac{\lambda}{\sqrt{n}} = \dfrac{2}{\sqrt{\dfrac{1}{4}}} = \dfrac{2}{\dfrac{1}{2}} = 4$

48 다음 중 비가역과정의 설명으로 틀린 것은?

① 자연계에서 일어나는 모든 상태는 비가역을 동반하므로 엔트로피는 항상 증가한다.
② 가역단열일 때 엔트로피는 항상 일정하다.
③ 비가역과정의 예로는 마찰, 혼합, 교축, 삼투압, 확산 등이 있다.
④ 손흥민이 골을 넣고 세레모니로 슬라이딩을 했다 이 과정에서 엔트로피는 일정하다.
⑤ 열역학 제2법칙과 밀접한 관계를 가지고 있다.

· 정답 풀이 ·

④ 손흥민이 골을 놓고 슬라이딩 한 경우 손흥민의 다리와 땅에서는 마찰이 발생하며, 이는 비가역을 동반한다. 비가역상태에서는 엔트로피는 항상 증가하므로, 엔트로피가 일정하다는 설명은 틀린 설명이다.
[열역학 제2법칙] 일을 하는 만큼 열이 발생하지만 열을 내는 만큼 일을 할 수 없다. 비가역법칙, 즉 엔트로피를 정의하는 법칙이다. **예** 교축, 열의이동, 삼투압현상, 마찰, 확산 등
- **클라우시우스의 표현**: 에너지의 방향성을 밝힌 표현
  → 성적계수가 무한대인 냉동기의 제작은 불가능하다.
- **켈빈–플랑크의 표현**: 열효율이 100%인 기관은 존재할 수 없다.
- **오스트발트의 표현**: 자연계에서 아무런 변화를 남기지 않고 어느 열원의 열을 계속해서 일로 바꾸는 제2종 영구기관은 존재할 수 없다. 비가역과정을 정의하는 법칙은 열역학 제2법칙으로 자연계에서 일어나는 모든 상태는 비가역을 동반하며 엔트로피는 항상 증가한다.
  – **가역과정**: 엔트로피 불변
  – **비가역과정**: 엔트로피 항상 증가

정답 47. ④　48. ④

49 원형단면 보의 지름 D를 $2D$로 2배 크게 하면, 동일한 전단력이 작용하는 경우 그 단면에서의 최대전단응력($\tau_{\max}$)은 어떻게 되는가?

① $\dfrac{1}{2}\tau_{\max}$ ② $\dfrac{1}{4}\tau_{\max}$ ③ $\dfrac{1}{8}\tau_{\max}$

④ $\dfrac{1}{16}\tau_{\max}$ ⑤ $\dfrac{1}{32}\tau_{\max}$

• 정답 풀이 •

[굽힘모멘트에 의한 수평전단응력(τ)]

$$\tau = \frac{FQ}{bI}$$

$Q(A\bar{y})$: τ를 구하고자 하는 위치로부터 도심의 바깥쪽 부분에 대한 단면 1차 모멘트

F: 전단력, b: τ를 구하고자 하는 그 위치에서의 폭, I: 단면 전체의 단면 2차 모멘트

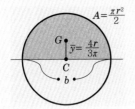

$$\tau_{\max} = \frac{FQ}{bI} = \frac{FA\bar{y}}{bI} = \frac{F \times \dfrac{\pi r^2}{2} \times \dfrac{4r}{3\pi}}{2r \times \dfrac{\pi d^4}{64}} = \frac{4F}{3\pi r^2} = \frac{4F}{3A}$$

• 지름이 D일 경우 최대전단응력 $\tau_{1 \cdot \max} = \dfrac{16F}{3\pi d^2}$

• 지름이 $2D$일 경우 최대전단응력 $\tau_{2 \cdot \max} = \dfrac{16F}{3\pi(2d)^2} = \dfrac{1}{4} \times \dfrac{16F}{3\pi d^2} = \dfrac{1}{4}\tau_{\max}$

참고 사각단면일 경우 $\tau_{\max} = \dfrac{3F}{2A}$

정답 49. ②

50 아래 그림과 같이 측면 필릿 용접이음에서 허용전단응력이 100MPa일 때, 하중 W는 얼마인가?

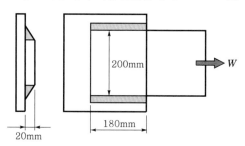

① $180\sqrt{2}\,\text{kN}$

② $360\sqrt{2}\,\text{N}$

③ $180\sqrt{2}\,\text{N}$

④ $360\sqrt{2}\,\text{kN}$

⑤ $360\dfrac{1}{\sqrt{2}}\,\text{kN}$

・정답 풀이・

$$W = \tau A = \tau(2al) = \tau\{2h(\cos 45°)l\} = \tau 2h\frac{\sqrt{2}}{2}l = \tau hl\sqrt{2}$$

$$= 100\text{MPa} \times 20\text{mm} \times 180\text{mm} \times \sqrt{2}$$

$$= 360,000\sqrt{2}\,\text{N} = 360\sqrt{2}\,\text{kN}$$

03 2019 하반기 한국동서발전 기출문제

1문제당 2.5점 / 점수 [   ]점

01 응력-변형률 선도에서 재료의 거동이 다음과 같다면 A구간은 무엇인가?

① 항복점
② 변형경화
③ 완전소성
④ 선형구간

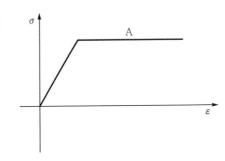

• **정답 풀이** •

- **비례구간**: 선형구간이라고도 하며, 응력과 변형률이 비례하는 구간으로 후크의 법칙이 된다. 또한, 이 구간의 기울기가 탄성계수 E이다.
- **변형경화**: 결정구조 변화에 의해 저항력이 증대되는 구간이다.
- **완전소성**: 인장력이 증가하지 않아도 강의 변화량이 현저히 증가하는 구간이다.
- **네킹구간**: 단면 감소로 인해 하중이 감소하는데도 불구하고 인장하중을 받는 재료는 계속 늘어나는 구간이다.

02 응력집중계수를 구하는 식으로 옳은 것은? [단, α: 응력집중계수]

① $\alpha = \dfrac{\text{노치부의 최대응력}}{\text{단면부의 최대응력}}$

② $\alpha = \dfrac{\text{노치부의 최소응력}}{\text{단면부의 평균응력}}$

③ $\alpha = \dfrac{\text{단면부의 평균응력}}{\text{노치부의 최대응력}}$

④ $\alpha = \dfrac{\text{노치부의 최대응력}}{\text{단면부의 평균응력}}$

• **정답 풀이** •

응력집중: 단면이 급격하게 변하는 부분, 모서리 부분, 구멍 부분에서 응력이 집중되는 현상

응력집중계수: $\alpha = \dfrac{\text{노치부의 최대응력}}{\text{단면부의 평균응력}}$

참고 ----------------

[응력집중 완화 방법]

- 필렛 반지름을 최대한 크게 하고, 단면변화부분에 보강재를 결합하여 응력집중을 완화시킨다.
- 축단부에 2~3단의 단부를 설치해 응력 흐름을 완만하게 한다.
- 단면 변화 부분에 숏피닝, 롤러압연 처리, 열처리 등을 통해 응력집중 부분을 강화시킨다.
- 경사(테이퍼)지게 설계하며, 체결 부위에 체결 수(리벳, 볼트)를 증가시킨다.

정답 01. ③ 02. ④

03 업세팅 공정 시, 소재의 옆면이 볼록해지는 불완전한 상태를 베럴링 현상이라고 한다. 다음 보기 중 베럴링 현상을 방지하는 방법으로 옳은 것을 모두 고르면 몇 개인가?

- 열간가공 시 다이(금형)를 예열한다.
- 금형과 제품 접촉면에 윤활유나 열차폐물을 사용한다.
- 초음파로 압축판을 진동시킨다.
- 고온의 소재를 냉각된 금형으로 업세팅한다.

① 1개   ② 2개   ③ 3개   ④ 4개

• 정답 풀이 •

베럴링: 소재의 옆면이 볼록해지는 불완전한 상태를 말하며 고온의 소재를 **냉각**된 금형으로 업세팅할 때 발생한다.
[베럴링 현상을 방지하는 방법]
- 열간가공시 다이(금형)를 예열한다.
- 금형과 제품 접촉면에 윤활유나 열차폐물을 사용한다.
- 초음파로 압축판을 진동시킨다.

04 푸아송비와 관련된 설명으로 옳지 <u>않은</u> 것은?

① 납의 푸아송비는 약 0.28이다.
② 고무는 체적 변화가 거의 없는 재료로 푸아송비가 0.5이다.
③ 일반적인 금속의 푸아송비는 약 0.25~0.35이다.
④ 코르크의 푸아송비는 0이다.

• 정답 풀이 •

일반적인 금속의 푸아송비는 0.25~0.35이다.
[푸아송비]

철강	납	콘크리트	구조용 강	알루미늄	고무
0.28	0.43	0.1~0.2	0.2	0.33	0.5

- 코르크의 푸아송비는 0이다. 푸아송수는 푸아송비의 역수이기 때문에 코르크의 푸아송수는 **무한대**가 된다.
- 코르크는 인장으로 인한 변형이 거의 일어나지 않으므로 병의 마개로 쓰인다.

$$\nu(\text{푸아송비}) = \frac{\varepsilon'}{\varepsilon} = \frac{\text{가로변형률}}{\text{세로변형률}} = \frac{\text{횡변형률}}{\text{종변형률}} = \frac{\dfrac{\delta}{d}}{\dfrac{\lambda}{L}} = \frac{L\delta}{d\lambda}$$

✓ 고무의 푸아송비는 0.5이므로, $\triangle V = \varepsilon(1-2\mu)V$에 대입하면 $\triangle V = 0$으로 체적 변화가 없다.
✓ 납의 푸아송비 0.43은 실제 공기업 시험에 출제된 적이 있다. 철강을 포함하여 꼭 알아두자.

정답 03. ③   04. ①

05 열과 일에 대한 설명으로 옳지 <u>않은</u> 것은?

① 열과 일은 단위가 J(Joule)로 동일하다.
② 열과 일은 천이현상으로 시스템에서 보유되지 않는다.
③ 열과 일은 계의 상태변화 과정에서 나타날 수 있으며 계의 경계에서 관찰된다.
④ 열과 일은 열역학적 상태량이다.

> **• 정답 풀이 •**
>
> • 열과 일은 단위가 J(Joule)로 동일하다.
> • 열과 일은 에너지지 열역학적 상태량이 아니다.
> • 열과 일은 계의 상태변화 과정에서 나타날 수 있으며 계의 경계에서 관찰된다.
> • 열과 일은 천이현상으로 시스템에서 보유되지 않고, 시간의 흐름에 따라 시스템과 주변 사이에서 변환을 반복한다.
>
> **참고**
> ---
> [물질의 상태와 성질]
> • 상태
>   – 평형상태에서 온도, 압력, 체적 또는 비체적과 같은 일정한 특성치에 의해 정해지는 것
>   – 열역학적으로 평형은 **열적 평형, 역학적 평형, 화학적 평형** 3가지 종류가 있다.
> • 성질
>   – 각 물질마다 특정한 값을 가지며 **상태함수 또는 점함수**라고도 한다.
>   – 경로에 관계없이 계의 상태에만 관계되는 양이다.
> [일과 열량은 경로에 의한 경로함수, 도정함수이다]
> ✓ 점함수는 완전미분(전미분) 또는 편미분이 모두 가능하다. 다만, 과정함수는 편미분으로만 가능하다.
> ✓ 비상태량은 모든 상태량의 값을 질량으로 나눈 값으로 **강도성 상태량**으로 취급한다.
> ✓ 기체상수는 **열역학적 상태량**이 아니다.

06 강도성 상태량의 종류로 옳지 <u>않은</u> 것은?

① 압력   ② 밀도   ③ 비체적   ④ 온도

> **• 정답 풀이 •**
>
> • **강도성 상태량**: 물질의 질량에 관계없이 그 크기가 결정되는 상태량(온도, 압력, 밀도, 비체적)
> • **종량성 상태량**: 물질의 질량에 따라 그 크기가 결정되는 상태량(체적, 내부에너지, 질량, 엔탈피, 엔트로피)

07 냉각쇠에 대한 설명으로 옳지 <u>않은</u> 것은?

① 주물 두께 차이에 따른 응고속도 차이를 줄이기 위해 사용하며 수축공을 방지할 수 있다.
② 냉각쇠는 주물의 두께가 두꺼운 부분에 설치한다.
③ 냉각쇠는 주물의 응고속도를 증가시킨다.
④ 냉각쇠는 가스배출을 고려하여 주형의 하부보다는 상부에 부착해야 한다.

· 정답 풀이 ·

냉각쇠(chiller)는 주물 두께에 따른 응고속도 차이를 줄이기 위해 사용한다. 주물을 주형에 넣어 냉각시키는 데 있어 주물 두께가 다른 부분이 있다면 두께가 얇은 쪽이 먼저 응고되면서 수축하게 된다. 따라서 그 부분은 쇳물이 부족하여 수축공이 발생한다. 따라서 **주물 두께가 두꺼운 부분에 냉각쇠를 설치하여 두꺼운 부분의 응고속도를 증가시켜서** 주물 두께 차이에 따른 응고속도 차이를 줄여 수축공을 방지할 수 있다.
냉각쇠의 종류로는 핀, 막대, 와이어가 있으며 주형보다 열흡수성이 좋은 재료를 사용한다. 그리고 고온부와 저온부가 동시에 응고되거나, 두꺼운 부분과 얇은 부분이 동시에 응고되도록 하는 목적으로 설치한다.
그리고 마지막으로 제일 중요한 것으로 **냉각쇠는 가스배출을 고려하여 주형의 상부보다는 하부에 부착해야 한다.** 만약, 상부에 부착한다면 가스가 주형 위로 배출되려고 하다가 상부에 부착된 냉각쇠에 의해 빠르게 냉각되면서 응축하여 가스액이 되고 그 가스액이 주물 내부로 떨어져 결함을 발생시킬 수 있다.

08 다음 중 층류와 난류를 구분해주는 척도인 무차원수는?

① 프루드수
② 웨버수
③ 레이놀즈수
④ 누셀수

· 정답 풀이 ·

[레이놀즈수]
층류와 난류를 구분해주는 척도(파이프, 잠수함, 관유동 등의 역학적 상사에 적용)

$$\text{레이놀즈수}(Re) = \frac{Vl}{\mu} = \frac{u_\infty x}{\nu} = \frac{\text{관성력}}{\text{점성력}}$$

• 평판의 임계레이놀즈수: 500,000(50만)
• 개수로 임계레이놀즈수: 500
• 상임계 레이놀즈수(층류에서 난류로 변할 때): 4,000
• 하임계 레이놀즈수(난류에서 층류로 변할 때): 2,000~2,100
• **층류** $Re < 2,000$, 천이구간 $2,000 < Re < 4,000$, **난류** $Re > 4,000$
일반적으로 임계레이놀즈수라고 하면, **하임계 레이놀즈수**를 말한다.

정답 07. ④ 08. ③

09 다음 중 무차원수는 무엇인가?

① 비중량
② 비체적
③ 비중
④ 밀도

• 정답 풀이 •

무차원수란 단위가 모두 생략되어 단위가 없는 수, 즉 차원이 없는 수를 말한다.
(예 변형률, 비중, 마하수, 레이놀즈수 등)

• **비중**: 물질의 고유 특성이며 기준이 되는 물질의 밀도에 대한 상대적인 비를 말하기 때문에 무차원
수이다. **액체의 경우 1기압 하에서 4°C 물을 기준!**

• 비중$(S) = \dfrac{\text{어떤 물질의 비중량 또는 밀도}}{4°C\text{에서 물의 비중량 또는 밀도}}$

• 비중이 4.5보다 크면 중금속, 4.5보다 작으면 경금속으로 구분한다.

10 다음 보기에서 설명하는 원소로 옳은 것은?

– 탄소강에 함유되면 강도 및 경도를 증가시킨다.
– 탄소강에 함유되면 용접성을 저하시킨다.
– 인장강도, 연신율, 충격치를 저하시킨다.
– Mn과 결합하여 절삭성을 향상시키며 적열취성의 원인이 된다.

① P
② Si
③ Cu
④ S

• 정답 풀이 •

탄소강의 5대 원소는 C, Mn, P, S, Si이다.

[탄소강에 함유된 원소의 영향]

• **P(인)**
– 강도, 경도를 증가시키며 상온취성의 원인이다.
– 결정립을 조대화시킨다.
– 주물의 경우 기포를 줄인다.
– 제강 시 편석을 일으키고 담금균열의 원인이 된다.

• **Si(규소)**
– 탄성한계, 강도, 경도를 증가시키며 연신율, 충격치를 감소시킨다.
– 냉간가공성과 단접성을 해친다.

• **Mn(망간)**: 고온에서 결정립의 성장을 억제시키며 흑연화, 적열취성을 방지한다.

• **S(황)**: 절삭성을 좋게 하나, 유동성을 감소시킨다. 또한, 적열취성의 원인이 된다.

정답 **09.** ③ **10.** ④

11 부력에 대한 설명으로 옳지 <u>않은</u> 것은?

① 부력은 물체가 밀어낸 부피만큼의 액체 무게로 정의된다.
② 어떤 물체가 유체 안에 잠겨있다면 물체가 잠긴 부피만큼의 유체의 무게가 부력과 같다.
③ 부력은 수직상방향의 힘이다.
④ 부력은 파스칼의 원리와 관련이 있다.

·정답 풀이·

부력은 **아르키메데스의 원리**와 관련이 있다.
[부력]
물체가 밀어낸 부피만큼의 액체 무게라고 정의된다.
• 어떤 물체에 가해지는 부력은 그 물체가 대체한 유체의 무게와 같다.
• 어떤 물체가 유체 안에 있으면, 물체가 잠긴 부피만큼의 유체의 무게가 부력과 같다.
• 부력은 **중력과 반대방향으로 작용(수직상향의 힘)**하며, 한 물체를 각기 다른 액체 속에 일부만 잠기게 넣으면 결국 부력은 물체의 무게[mg]와 동일하게 작용하여 물체가 액체 속에서 일부만 잠긴 채 뜨게 된다. 따라서 부력의 크기는 모두 동일하다(부력=mg).
• 부력은 결국 대체된 유체의 무게와 같다.
• 부력은 유체의 압력차 때문에 생긴다. 구체적으로, 유체에 의한 압력은 $P=rh$에 따라 깊이가 깊어질수록 커지게 된다. 즉, 한 물체가 물속에 있다면 상대적으로 깊은 부분과 얕은 부분(윗면과 아랫면)이 생기고, 더 깊이 있는 부분이 더 큰 압력을 받아 위로 향하는 힘, 즉 부력이 생기게 된다.

12 다음 그림과 같이 길이가 $4m$, 반경이 $100mm$인 원형 봉이 있다. 축의 비틀림각[rad]이 0.03[rad]이라면, 끝단에서의 토크는 얼마인가? [단, 철에 대해 $G=80GPa$, $\pi=3$]

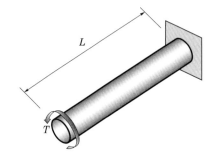

① $5,625N \cdot m$ ② $562.5N \cdot m$ ③ $900N \cdot m$ ④ $90,000N \cdot m$

·정답 풀이·

$$\theta[rad] = \frac{TL}{GI_p} = \frac{32\,TL}{G\pi d^4} \rightarrow T = \frac{\theta\,G\pi d^4}{32L} = \frac{0.03 \times 80 \times 10^9 \times 3 \times 0.2^4}{32 \times 4} = 90,000N \cdot m$$

$5,625N \cdot m$를 선택하신 분들이 있을 것으로 생각된다. 실제 시험에서도 지름, 반지름으로 낚는 문제가 많으니 항상 문제를 꼼꼼하게 읽어 지름, 반지름을 혼동하지 않도록 주의하자.

정답 11. ④   12. ④

13 회전자에 방사상으로 설치된 홈에 삽입된 베인이 캠링에 내접하여 회전함으로써 유체를 송출하는 펌프는?

① 기어펌프 　　　　② 피스톤펌프 　　　　③ 나사펌프 　　　　④ 베인펌프

• 정답 풀이 •

- **기어펌프**: 케이싱 속에 1쌍의 스퍼기어가 밀폐된 용적을 갖는 밀실 속에서 회전할 때 기어의 물림에 의한 운동으로 진공 부분에서 흡입한 후, 기어의 계속적인 회전에 의해 토출구를 통해 유체를 토출하는 원리이며, 비교적 구조가 간단하고 경제성이 있어 일반적인 유압펌프로 가장 많이 사용된다.
- **피스톤펌프**: 실린더 블록 속에서 피스톤이 왕복운동을 하는 펌프로 플런저펌프라고도 한다. 피스톤의 왕복운동을 활용하여 작동유에 압력을 주며 초고압($210\mathrm{kgf/cm^2}$)에 적합하다. 또한, 대용량이며 토출압력이 최대인 고압펌프로 펌프 중 전체 효율이 가장 좋다. 또한 가변용량이 가능하며 수명이 길지만 소음이 큰 편이다.
- **나사펌프**: 토출량의 범위가 넓어 윤활유 펌프나 각종 액체의 이송펌프로도 사용된다.
  - 대용량펌프로 적합하며 토출압력이 가장 작다.
  - 소음이나 진동이 적어 고속운전을 해도 정숙하다.
- **베인펌프**: 회전자에 방사상으로 설치된 홈에 삽입된 베인이 캠링에 내접하여 회전함에 따라 기름이 흡입 쪽에서 송출구 쪽으로 이동된다.
  - **베인펌프의 구성**: 입/출구 포트, 캠링, 베인, 로터
  - **베인펌프에 사용되는 유압유의 적정점도**: 35centistokes(ct)

14 다음 보기에서 설명하는 법칙은 무엇인가?

- 힘과 가속도와 질량의 관계를 나타낸 법칙이다.
- $F = m\left(\dfrac{dV}{dt}\right)$
- 검사 체적에 대한 운동량 방정식의 근원이 되는 법칙이다.

① 뉴턴의 제0법칙 　　　　② 뉴턴의 제1법칙
③ 뉴턴의 제2법칙 　　　　④ 뉴턴의 제3법칙

• 정답 풀이 •

- **뉴턴의 제1법칙**: 관성의 법칙
- **뉴턴의 제2법칙**: 가속도의 법칙
  - 힘과 가속도와 질량과의 관계를 나타낸 법칙이다.
  - $F = m\left(\dfrac{dV}{dt}\right)$
  - 검사 체적에 대한 운동량 방정식의 근원이 되는 법칙이다.
- **뉴턴의 제3법칙**: 작용반작용의 법칙

정답　13. ④　14. ③

15 길이 L의 외팔보에 다음 그림과 같이 등분포하중 $\omega[\text{N/m}]$가 작용하고 있다. 이때 외팔보 끝단에서의 처짐량을 A, 처짐각을 B라고 한다면 $\dfrac{A}{B}$는? [단, E: 세로탄성계수, I: 단면 2차 모멘트]

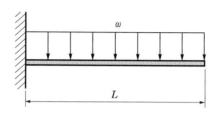

① $\dfrac{3}{4}L$ ② $\dfrac{1}{3}L$ ③ $\dfrac{1}{3L}$ ④ $\dfrac{4}{3L}$

· 정답 풀이 ·

- 길이 L의 외팔보에 등분포하중 ω가 작용할 때, 외팔보 끝단의 처짐각: $\dfrac{wL^3}{6EI}$

- 길이 L의 외팔보에 등분포하중 ω가 작용할 때, 외팔보 끝단의 처짐량: $\dfrac{wL^4}{8EI}$

$$\rightarrow \quad \frac{\dfrac{wL^4}{8EI}}{\dfrac{wL^3}{6EI}} = \frac{6EIwL^4}{8EIwL^3} = \frac{6}{8}L = \frac{3}{4}L$$

16 다음 중 불꽃점화, 점화 스파크를 기반으로 한 사이클은?

① 스털링 사이클   ② 디젤 사이클
③ 오토 사이클   ④ 브레이턴 사이클

· 정답 풀이 ·

- **스털링 사이클**: 2개의 정적과정과 2개의 등온과정으로 이루어진 사이클로, 순서는 등온압축 → 정적가열 → 등온팽창 → 정적방열이다. 또한, 증기원동소의 이상사이클인 랭킨사이클에서 이상적인 재생기가 있다면 스털링 사이클에 가까워진다. 참고로 역스털링 사이클은 헬륨을 냉매로 하는 극저온가스 냉동기의 기본사이클이다.
- **디젤 사이클**: 2개의 단열과정과 1개의 정압과정, 1개의 정적과정으로 이루어진 사이클로, 정압하에서 열이 공급되고 정적하에서 열이 방출된다. 정압하에서 열이 공급되므로 정압사이클이라고 하며 저속 디젤기관의 기본사이클이다. 또한, 압축착화기관의 이상사이클이다.
- **오토 사이클**: 2개의 정적과정 과 2개의 단열과정으로 이루어진 사이클로, 정적연소사이클이라고 하며, 불꽃점화, 즉 가솔린기관의 이상사이클이다.
- **브레이턴 사이클**: 2개의 정압과정과 2개의 단열과정으로 구성되어 있으며 가스터빈의 이상 사이클이다. 또한, 가스터빈은 압축기, 연소기, 터빈의 3대 요소로 구성되어 있다.

정답 15. ① 16. ③

17 단면의 폭이 4mm, 높이가 8mm이고, 길이가 3m인 직사각형 외팔보의 자유단에 100N의 집중하중이 작용할 때 보에 생기는 최대굽힘응력[MPa]은 얼마인가?

① 7031.25KPa
② 7031.25MPa
③ 703.125KPa
④ 703.125MPa

· 정답 풀이 ·

$$\sigma_{\max} = \frac{M_{\max}}{Z} = \frac{PL}{\dfrac{bh^2}{6}} = \frac{6PL}{bh^2} = \frac{6 \times 100 \times 3,000}{4 \times 8^2} = 7031.25\text{MPa}$$

18 다음 설명 중 옳지 않은 것은?

① 유체입자가 곡선을 따라 움직일 때 그 곡선이 갖는 법선과 유체입자가 갖는 속도 벡터의 방향을 일치하도록 해석할 때 그 곡선을 유선이라고 말한다.
② 유적선은 주어진 시간 동안 유체입자가 지나간 흔적을 말한다. 유체입자는 항상 유선의 접선방향으로 운동하기 때문에 정상류에서 유적선은 유선과 일치한다.
③ 비압축성, 비점성, 정상류로 유동하는 이상유체가 임의의 어떤 점에서 보유하는 에너지의 총합은 위치에 상관없이 동일한 값을 가진다.
④ 베르누이 방정식은 에너지 보존 법칙과 관련이 있다.

· 정답 풀이 ·

• **유선**: 유체입자가 곡선을 따라 움직일 때, 그 곡선이 갖는 **접선**과 유체입자가 갖는 속도 벡터의 방향을 일치하도록 해석할 때 그 곡선을 유선이라고 말한다.
• **유적선**: 주어진 시간 동안 유체입자가 지나간 흔적을 말한다. 유체입자는 항상 유선의 접선방향으로 운동하기 때문에 **정상류에서 유적선은 유선과 일치한다.**
• 비압축성, 비점성, 정상류로 유동하는 이상유체가 임의의 어떤 점에서 보유하는 **에너지의 총합은 베르누이 정리에 의해 위치에 상관없이 동일하다.**
• 베르누이 방정식은 **에너지 보존 법칙과 관련이 있다.**

[베르누이 가정]
• 정상류, 비압축성, 유선을 따라 입자가 흘러야 한다. 유체입자는 마찰이 없다(비점성).
• $\dfrac{\rho}{\gamma} + \dfrac{V^2}{2g} + Z = C$, 즉 압력수두 + 속도수두 + 위치수두 = Constant
• 압력수두 + 속도수두 + 위치수두 = 에너지선
• 압력수두 + 위치수두 = 수력구배선

19 어떤 기계재료의 응력 상태가 다음 그림과 같을 때 응력 상태를 모어원에 도시한 것으로 옳은 것은?

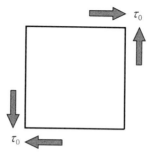

①

② $0 \qquad \tau_0$

③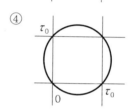

④ τ_0 ... τ_0

· 정답 풀이 ·

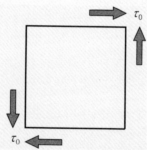

응력 상태를 보면, 1사분면과 3사분면으로 전단응력이 모이고 있다. 그리고 x, y 방향으로의 수직응력은 작용하지 않고 있다. 즉, 순수전단만이 작용하고 있음을 알 수 있다. 따라서 τ_0 크기의 전단응력만이 작용하는 응력 상태이다.

즉, τ_0 크기만큼의 반지름을 가진 모어원으로 그려지기 때문에 답은 ③으로 도출된다.

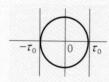

정답 19. ③

20 유압장치의 특징이 <u>아닌</u> 것은?

① 오염물질에 민감하다.　　　　　② 배관이 까다롭다.
③ 과부하 방지가 용이하다.　　　　④ 에너지 손실이 작다.

> **• 정답 풀이 •**

[유압장치의 특징]
• 입력에 대한 출력의 응답이 빠르다. 또한, 비압축성이어야 정확한 동력을 전달할 수 있다.
• 소형장치로 큰 출력을 얻을 수 있고 자동제어 및 원격제어가 가능하다.
• 제어가 쉽고 조작이 간단하며 유량 조절을 통해 무단변속이 가능하다.
• 에너지의 축적이 가능하며, 먼지나 이물질에 의한 고장의 우려가 있다.
• 과부하에 대해 안전장치로 만드는 것이 용이하다.
• 오염물질에 민감하며 배관이 까다롭다. 그리고 에너지의 손실이 크다.

참고
[유압장치의 구성]
• **유압발생부**(유압을 발생시키는 곳): 오일탱크, 유압펌프, 구동용전동기, 압력계, 여과기
• **유압제어부**(유압을 제어하는 곳): 압력제어밸브, 유량제어밸브, 방향제어밸브
• **유압구동부**(유압을 기계적인 일로 바꾸는 곳): 엑추에이터(유압실린더, 유압모터)
[유압기기의 4대 요소]
유압탱크, 유압펌프, 유압밸브, 유압작동기(액추에이터)
[부속기기]
축압기(어큐뮬레이터), 스트레이너, 오일탱크, 온도계, 압력계, 배관, 냉각기 등

21 탄소강에서 탄소함유량이 많아지면 발생하는 현상으로 옳은 것은?

① 경도 증가, 연성 증가
② 경도 증가, 연성 감소
③ 경도 감소, 연성 감소
④ 경도 감소, 연성 증가

> **• 정답 풀이 •**

[탄소함유량이 많아질수록 나타나는 현상]
• 강도, 경도, 전기저항, 비열 증가
• 용융점, 비중, 열팽창계수, 열전도율, 충격값, 연신율, 연성 감소
✓ 탄소가 많아지면 주철에 가까워지므로 취성이 생기게 된다. 즉, 취성과 반대 의미인 인성이 저하된다는 것을 뜻하므로 충격값도 저하된다.
✓ 인성: 충격에 대한 저항 성질
✓ 충격값과 인성도 비슷한 의미를 가지고 있으므로 같게 봐도 무방하다.

정답 20. ④　21. ②

22 다음 중 절삭가공의 특징으로 옳지 <u>않은</u> 것은?

① 재료의 낭비가 심하다.
② 우수한 치수정확도를 얻을 수 있다.
③ 대량생산 시 경제적이다.
④ 평균적으로 가공시간이 길다.

▸ 정답 풀이 ◂

절삭가공은 바이트 등의 공구를 사용하여 재료를 절삭하여 원하는 형상을 얻어내는 공정으로 대량생산에는 경제적이지 못한 특징을 가지고 있다. 예를 들어, 조각칼을 사용하여 나무를 조각한다면 원하는 완성품을 대량생산하는 데 시간이 많이 걸릴 것이다.

[절삭가공의 특징]
• 재료의 낭비가 심하다.
• 우수한 치수정확도를 얻을 수 있다.
• 대량생산 시 경제적이지 못하다.
• 평균적으로 가공시간이 길다.

23 다음 중 연삭가공의 특징으로 옳지 <u>않은</u> 것은?

① 연삭입자는 입도가 클수록 입자의 크기가 작다.
② 연삭속도는 절삭속도보다 빠르며 절삭가공보다 치수효과에 의해 단위체적당 가공에너지가 크다.
③ 연삭점의 온도가 높고 많은 양을 절삭하지 못한다.
④ 연삭입자는 불규칙한 현상을 하고 있으며 평균적으로 양의 경사각을 갖는다.

▸ 정답 풀이 ◂

[연삭가공의 특징]
• 연삭입자는 입도가 클수록 입자의 크기가 작다.
• 연삭입자는 불규칙한 형상을 하고 있으며 평균적으로 **음의 경사각**을 가진다.
• 연삭속도는 절삭속도보다 빠르며 절삭가공보다 치수효과에 의해 단위체적당 가공에너지가 크다.
• 단단한 금속재료도 가공이 가능하며 치수정밀도가 높고 우수한 다듬질 면을 얻는다.
• 연삭점의 온도가 높고 많은 양을 절삭하지 못한다.
• 모든 입자가 연삭에 참여하지 않는다. 각각의 입자는 절삭, 긁음, 마찰의 작용을 하게 된다.

용어정리
• **절삭**: 칩을 형성하고 제거한다.
• **긁음**: 재료가 제거되지 않고 표면만 변형시킨다. 즉, 에너지가 소모된다.
• **마찰**: 일감표면에 접촉해 오직 미끄럼마찰만 발생시킨다. 즉, 재료가 제거되지 않고 에너지가 소모된다.
• **연삭비**: "연삭에 의해 제거된 소재의 체적/숫돌의 마모 체적"이다.

정답 22. ③ 23. ④

24 초기온도 150K, 압력 2MPa의 이상기체 2kg이 이상적인 단열과정으로 압력이 1MPa로 변화할 때, 이상기체가 외부에 한 일은 얼마인가? [단, 폴리트로픽 지수 $n = 1.4$, $2^{-\frac{0.4}{1.4}} = 0.6$이고, 정적비열 $Cv = 0.8\text{kJ/kg}\cdot\text{K}$이다.]

① 48kJ　　　② 96kJ　　　③ 192kJ　　　④ 384kJ

> **· 정답 풀이 ·**
>
> $$T_2 = T_1\left(\frac{P_2}{P_1}\right)^{\frac{n-1}{n}} = T_1\left(\frac{1}{2}\right)^{\frac{0.4}{1.4}} = T_1 \times 2^{-\frac{0.4}{1.4}} = 0.6\,T_1$$
>
> 단열과정이기 때문에 $Q_{12} = 0$으로 도출된다.
>
> $Q = du + pdv$에서 $Q = 0$이므로 $pdv = W = -du$로 도출된다.
>
> $W = -(U_2 - U_1) = -mC_v(T_2 - T_1) = -mC_v(0.6\,T_1 - T_1) = 0.4mC_vT_1$
>
> 주어진 값을 대입하면
>
> $W = 0.4 \times 2 \times 0.8 \times 150 = 96\text{kJ}$

25 랭킨사이클과 비교한 재생사이클의 특징으로 옳지 <u>않은</u> 것은?

① 랭킨사이클보다 열효율이 크다.
② 보일러의 공급열량이 작다.
③ 터빈출구온도를 더 높일 수 있다.
④ 응축기의 방열량이 작다.

> **· 정답 풀이 ·**
>
> 터빈출구온도를 더 높일 수 있는 것은 재열사이클의 특징이다.
>
> **[재생사이클]**
> 재생사이클은 터빈으로 들어가는 과열증기의 일부를 추기(뽑다)하여 보일러로 들어가는 급수를 미리 예열해준다. 따라서 급수는 미리 달궈진 상태이기 때문에 보일러에서 공급하는 열량을 줄일 수 있다. 또한, 기존 터빈에 들어간 과열증기가 가진 열에너지를 100이라고 가정하면 일을 하고 나온 증기는 일한 만큼 열에너지가 줄어들어 50 정도가 있을 것이다. 이때 50의 열에너지는 응축기에서 버려질텐데, 이 버려지는 열량을 미리 일부를 추기하여 급수를 예열하는 데 사용했으므로, 응축기에서 버려지는 방열량은 자연스레 감소하게 된다. 그리고 $\eta = \dfrac{W}{Q_b}$ 효율식에서 보일러의 공급열량이 줄어들어 효율은 상승하게 된다.

26 정압하에서 273°C의 가스 4m^3를 546°C로 가열할 경우 체적$[\text{m}^3]$의 변화는 얼마인가?

① 1m^3 ② 2m^3 ③ 3m^3 ④ 6m^3

> **• 정답 풀이 •**
>
> $PV = mRT$ 식에서 정압이므로 P는 상수 취급을 한다.
>
> → $V = mRT$에서 mR은 문제에서 일정한 상수이므로 $\dfrac{V}{T} = \text{Constant}$가 된다.
>
> 즉, $\dfrac{V_1}{T_1} = \dfrac{V_2}{T_2}$ → $\dfrac{4}{273+273} = \dfrac{V_2}{546+273}$ → $\dfrac{4}{546} = \dfrac{V_2}{819}$
>
> $V_2 = 6\text{m}^3$이 도출된다. 즉, 체적변화량 $\triangle V = 6-4 = 2\text{m}^3$
>
> ✓ 온도는 절대온도로 변환하여 공식에 대입한다.

27 어떤 금속 2kg을 20°C부터 T°C까지 가열하는 데 필요한 열량이 250kJ이라면, $T[\text{°C}]$는 얼마인가? [단, 금속의 비열은 $2\text{kJ/kg} \cdot \text{K}$]

① 52.5°C ② 62.5°C ③ 72.5°C ④ 82.5°C

> **• 정답 풀이 •**
>
> $Q = Cm\triangle T$ → $250 = (2)(2)(T-20)$ → $T = 82.5\text{°C}$
>
> ✓ 비열이란 어떤 물질 1kg 또는 1g을 1도 올리는 데 필요한 열량을 말한다.

28 성능계수(COP)는 에어컨, 냉장고, 열펌프 등에서 온도를 낮추거나 올리는 기구의 효율을 나타내는 척도이다. 다음 중 냉동기의 성능계수(ε_r)를 구하는 식으로 옳은 것은? [단, Q_1: 고온체로 방출되는 열량, Q_2: 저온체로부터 흡수한 열량, W: 냉동기에 투입된 기계적인 일]

① $\dfrac{Q_2}{Q_1}$ ② $\dfrac{Q_1 - Q_2}{Q_1}$

③ $\dfrac{Q_2}{W}$ ④ $\dfrac{Q_1}{W}$

> **• 정답 풀이 •**
>
> 냉동기의 성능계수 $\varepsilon_r = \dfrac{Q_2}{W} = \dfrac{Q_2}{Q_1 - Q_2}$의 식으로 구할 수 있다.

29 부피가 $3m^3$인 용기에 투입된 기체의 압력은 $500kPa$, 온도는 $300K$이다. 이 때, 기체의 질량[kg]은? [단, 기체는 이상기체이고, 기체상수 $R = 500J/kg \cdot K$, $Cp = 1.05kJ/kg \cdot K$, $k = 1.3$]

① 5kg   ② 10kg   ③ 15kg   ④ 20kg

• 정답 풀이 •

$$PV = mRT = 500 \times 10^3 \times 3 = m \times 500 \times 300$$
$$\therefore m = 10kg$$

30 길이가 L, 지름이 d인 원형봉 아래에 무게 W인 물체가 매달려 있다. 이때 원형봉에 작용하는 응력 $\sigma = \dfrac{A W}{\pi d^2} + \dfrac{B\gamma L}{C}$ 다음과 같다. 이때 상수값 A, B, C를 모두 더하면 얼마인가? [단, 원형봉의 자중을 고려]

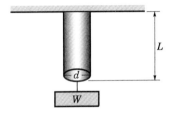

① 4   ② 6   ③ 8   ④ 10

• 정답 풀이 •

[자중에 의한 응력]

균일단면봉의 경우: $\sigma = \gamma L$, $\lambda = \dfrac{\gamma L^2}{2E}$

원추형봉의 경우: $\sigma = \dfrac{\gamma L}{3}$, $\lambda = \dfrac{\gamma L^2}{6E}$

꼭 자중에 의한 응력의 값과 변형량의 값을 암기하자.

✓ 원형봉(균일단면봉) 자중에 의한 응력＋무게 W인 물체에 의한 응력＝$\gamma L + \dfrac{4 W}{\pi d^2}$

즉, 원형봉에 작용하는 전체 응력 $\sigma = \dfrac{4 W}{\pi d^2} + \gamma L$

$$\sigma = \dfrac{4 W}{\pi d^2} + \gamma L = \dfrac{(4) W}{\pi d^2} + \dfrac{(1)\gamma L}{(1)}$$
$$\therefore A + B + C = 4 + 1 + 1 = 6$$

31 유압 작동유의 점도가 너무 높을 경우 발생하는 현상으로 옳지 않은 것은?

① 동력 손실 증가로 기계효율이 저하된다.

② 소음이나 공동현상이 발생한다.

③ 내부오일누설이 증대된다.

④ 내부마찰증대에 의해 온도가 상승되며 유동저항의 증가로 압력손실이 증대된다.

• 정답 풀이 •

[유압 작동유의 점도가 너무 높은 경우]
• 동력 손실 증가로 기계효율이 저하되고, 소음이나 공동현상이 발생한다.
• 내부마찰증대에 의해 온도가 상승하고, 유동저항의 증가로 인해 압력손실이 증대된다.
• 유압기기 작동이 불활발해진다.

[유압 작동유의 점도가 너무 낮은 경우]
• 기기마모가 증대되고, 압력유지가 곤란하다.
• 내부오일 누설이 증대되고, 유압모터 및 펌프 등의 용적효율이 저하된다.

[유압 작동유에 공기가 혼입될 경우]
• 공동현상이 발생하며, 실린더의 작동불량 및 숨돌리기 현상이 발생한다.
• 작동유의 열화가 촉진되고, 윤활작용이 저하된다.
• 공기가 혼입됨으로써 압축성이 증대되어 유압기기의 작동성이 하락된다.

32 온도가 변해도 탄성률 또는 선팽창계수가 변하지 않는 강을 불변강이라고 한다. 다음 중 Fe-Ni 44~48% 합금으로 열팽창계수가 백금, 유리와 비슷하며 전구의 도입선으로 사용되는 불변강은?

① 엘린바   ② 인바   ③ 코엘린바   ④ 플래티나이트

• 정답 풀이 •

불변강(고–니켈강)이란 온도가 변해도 탄성률, 선팽창계수가 변하지 않는 강을 말한다.

[불변강의 종류]
• **인바**: Fe-Ni 36%로 구성된 불변강으로 선팽창계수가 매우 작다. 즉, 길이의 불변강이다. 시계의 추, 줄자, 표준자 등에 사용된다.
• **초인바**: 기존의 인바보다 선팽창계수가 더 작은 불변강으로 인바의 업그레이드 형태이다.
• **엘린바**: Fe-Ni 36% − Cr 12%로 구성된 불변강으로 탄성률(탄성계수)이 불변이다. 정밀저울 등의 스프링, 고급시계, 기타정밀기기의 재료에 적합하다.
• **코엘린바**: 엘린바에 Co(코발트)를 첨가한 것으로 공기나 물에 부식되지 않는다. 스프링, 태엽 등에 사용된다.
• **플래티나이트**: Fe-Ni 44~48%로 구성된 불변강으로 열팽창계수가 백금, 유리와 비슷하다. 전구의 도입선으로 사용된다.

33 벤츄리미터, 유동노즐, 오리피스의 압력손실 크기 순서를 옳게 표현한 것은?

① 벤츄리미터 > 유동노즐 > 오리피스

② 벤츄리미터 > 오리피스 > 유동노즐

③ 오리피스 > 유동노즐 > 벤츄리미터

④ 오리피스 > 벤츄리미터 > 유동노즐

• 정답 풀이 •

오리피스는 벤츄리미터와 원리가 비슷하지만, 예리하기 때문에 하류 유체 중에 Free-flowing jet을 형성한다. 이 jet으로 인해 벤츄리미터보다 오리피스의 압력강하가 더 크다.

★ 압력손실 크기 순서: 오리피스 > 유동노즐 > 벤츄리미터

중요

- **유속측정**: 피토관, 피토정압관, 레이저도플러유속계, 시차액주계 등
- **유량측정**: 벤츄리미터, 유동노즐, 오리피스, 로타미터, 위어 등
- **압력강하를 이용하는 것**: 벤츄리미터, 노즐, 오리피스(벤츄리, 노즐, 오리피스는 **차압식 유량계**)

[필수 암기 1]

- **로타미터**: 유량을 측정하는 기구로 부자 또는 부표라고 하는 부품에 의해 유량을 측정한다.
- **마이크로마노미터**: 두 원관 속을 기체가 미소한 압력차로 흐르고 있을 때 이 압력차를 측정한다.
- **레이저도플러유속계**: 유동하는 흐름에 작은 알갱이를 띄워 유속을 측정한다.
- **피토튜브**: 국부유속을 측정할 수 있다.

[필수 암기 2]

- **벤츄리미터**: 압력강하를 이용하여 유량을 측정하는 기구로 **가장 정확한 유량**을 측정
  - 상류 원뿔: 유속이 증가하면서 압력 감소, 이 압력 강하를 이용하여 유량을 측정
  - 하류 원뿔: 유속이 감소하면서 원래 압력의 **90%**를 회복
- **피에조미터**: 정압을 측정하는 기구이다.
- **오리피스**: 오리피스는 **벤츄리미터**와 **원리가 비슷**하다. 다만, 예리하기 때문에 하류 유체 중에 free-flowing jet을 형성하게 된다.

34 질량이 5kg, 반경이 2.5m인 원판이 다음 그림처럼 각속도 12rad/s로 굴러가고 있다. 이때 원판의 중심점 G에서의 속도[m/s]는? [단, 원판은 미끄럼 없이 구름운동을 한다.]

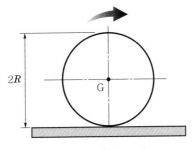

① 12.5m/s

② 30m/s

③ 40m/s

④ 60m/s

• 정답 풀이 •

선속도 $V = rw = 2.5 \times 12 = 30$m/s

35 다음 보기에서 설명하는 유압회로의 종류는?

유량제어밸브를 실린더 출구 쪽에 달아 귀환유의 유량을 제어함으로써 실린더를 제어한다. 따라서 실린더에 항시 배압이 작용하고 있다.

① 미터인 회로
② 미터아웃 회로
③ 블리드 오프 회로
④ 진리 회로

· 정답 풀이 ·

[유량제어 밸브를 사용하는 회로]
· 미터인 회로: 유량제어밸브를 실린더 입구 쪽에 직렬로 달아 유입하는 유량을 조절함으로써 실린더의 속도를 제어한다.
· 미터아웃 회로: 유량제어밸브를 실린더 출구 쪽에 달아 귀환유의 유량을 조절함으로써 실린더를 제어한다. 따라서 실린더 로드 측에 항상 배압이 작용한다. 또한, 회로의 효율이 좋지 못하다.
· 블리드 오프 회로: 유량제어밸브를 실린더와 병렬로 설치하고, 그 출구를 기름탱크로 접속하여 펌프의 송출량 중 일정량을 탱크로 귀환하여 실린더의 속도제어에 필요한 유량을 간접적으로 제어한다. 즉, 공급 쪽 관로에 바이패스 관로를 설치하여 바이패스 흐름을 제어함으로써 속도를 제어한다. 특징으로는 실린더 입구측이 불필요한 압유를 배출시켜 작동 효율이 좋으나 유량 제어가 부정확하다.

✓ 기본적으로 미터인과 미터아웃은 실린더로 공급되는 유압과 실린더에서 배출되는 유압 중 어느 쪽의 압력을 조절하느냐에 따라 구분된다.

36 어떤 물체를 초기 속도 $50\mathrm{m/s}$로 수직 상방향으로 던졌을 때 물체가 최고점에 도달했을 때의 높이 $[\mathrm{m}]$는? [단, 중력가속도 $g = 10\mathrm{m/s^2}$]

① 75m
② 100m
③ 125m
④ 150m

· 정답 풀이 ·

다음 그림과 같이 어떤 물체를 수직 상방향으로 던졌을 때, 최고점에 도달했을 때의 높이를 구해본다. 물체는 중력가속도를 받고 있으므로 등가속도 운동을 할 것이다. 따라서 다음과 같은 식을 유도할 수 있다. 단, 최고점에 도달했을 때 물체의 속도는 0이 된다.

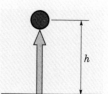

[등가속도 운동 관련 공식]
· $V = V_0 + at$
· $S = V_0 t + \dfrac{1}{2}at^2$
· $2as = V^2 - V_0^2$

$$2as = V^2 - V_0^2 \rightarrow 2(-g)h = 0^2 - V^2 \rightarrow h = \frac{V^2}{2g} = \frac{50^2}{2 \times 10} = 125\mathrm{m}$$

여기서, V: 나중 속도, V_0: 초기 속도

정답 35. ② 36. ③

37 스프링에 달려있는 질량 $m = 0.1\text{kg}$인 물체가 $V = 10\text{m/s}$인 직선운동으로 벽에 충돌하여 스프링이 5m만큼 압축되었다. 그렇다면 스프링상수 k값은 얼마인가? [단, 마찰은 무시하며 스프링과 물체의 중심은 같다.]

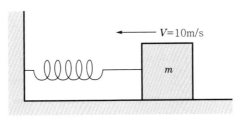

① 0.2N/m　　　② 0.4N/m　　　③ 0.6N/m　　　④ 0.8N/m

• 정답 풀이 •

스프링에 달린 질량이 0.1kg인 물체는 속도 10m/s의 속도로 직선운동을 한다면,

총 운동에너지는 $\dfrac{1}{2}mv^2 = \dfrac{1}{2} \times 0.1 \times 100 = 5\text{J}$이고 이 물체는 바닥에 닿아 있기 때문에 위치에너지는 0이다.

또한, 스프링의 탄성에너지는 $\dfrac{1}{2}kx^2 = \dfrac{1}{2} \times k \times 5^2 = 12.5k$이다.

여기서, x : 스프링의 처짐량

물체의 운동 전 총에너지와 운동 후 총에너지는 운동에너지 보존법칙에 의해 일정하므로, $5\text{J} = 12.5k$이다. 따라서 $k = 0.4\text{N/m}$가 된다.

38 다음 중 γ철에 최대 $2.11\%\text{C}$까지 용입되어 있는 고용체는?

① 페라이트　　　② 펄라이트　　　③ 오스테나이트　　　④ 레데뷰라이트

• 정답 풀이 •

- **페라이트**: α고용체라고도 하며 α철에 최대 $0.0218\%\text{C}$까지 고용된 고용체로 전연성이 우수하며 A2점 이하에서는 강자성체이다. 또한, 투자율이 우수하고 열처리는 불량하다(체심입방격자).
- **펄라이트**: $0.77\%\text{C}$의 γ고용체(오스테나이트)가 $727\degree\text{C}$에서 분열하여 생긴 α 고용체(페라이트)와 시멘타이트(Fe_3C)가 층을 이루는 조직으로 $723\degree\text{C}$의 공석반응에서 나타난다. 강도가 크며 어느 정도의 연성을 가진다.
- **시멘타이트**: 철과 탄소가 결합된 탄화물로 탄화철이라고 불리며 탄소량이 6.68%인 조직이다. 단단하고 취성이 크다.
- **레데뷰라이트**: $2.11\%\text{C}$의 γ고용체(오스테나이트)와 $6.68\%\text{C}$의 시멘타이트(Fe_3C)의 공정조직으로 $4.3\%\text{C}$인 주철에서 나타나는 조직이다.
- **오스테나이트**: γ철에 최대 $2.11\%\text{C}$까지 용입되어 있는 고용체이다(면심입방격자).

정답 37. ②　38. ③

39 길이 L의 가늘고 긴 일정한 단면적을 가진 봉이 다음 그림과 같이 핀 지지로 되어 있다. 봉을 수평으로 하여 정지시킨 후 이를 놓으면 중력에 의해 자유롭게 회전할 수 있다. 봉이 수직위치로 되는 순간 봉의 각가속도 $\alpha = \dfrac{A\,g}{B\,L}$로 표현된다. 이때 상수 A와 B를 더한 값은 얼마인가? [단, 모든 마찰은 무시하며 중력가속도는 g]

① 2　　　　　　　② 3　　　　　　　③ 5　　　　　　　④ 7

• 정답 풀이 •

$$\sum M = J_0\theta \;\rightarrow\; mg \times \frac{L}{2} = \frac{mL^2}{3} \times \theta'' \;\rightarrow\; \theta'' = \alpha(각가속도) = \frac{3g}{2L}$$

A = 3, B = 2

∴ A + B = 3 + 2 = 5

$$\left[단,\ J_0 = J_G + ml^2 = \frac{mL^2}{12} + m\left(\frac{L}{2}\right)^2 = \frac{4mL^2}{12} = \frac{mL^2}{3}\right]$$

★ 평행축정리: $J_0 = J_G + ml^2$

[단, J_0: 0점의 질량관성모멘트, J_G: 도심축에 대한 질량관성모멘트, l: 평행이동한 거리]

✏ 암기 ··

[도심축에 대한 질량관성모멘트]

막대	원판	구
$J_G = \dfrac{ml^2}{12}$	$J_G = \dfrac{mr^2}{2}$	$J_G = \dfrac{2mr^2}{5}$

정답 **39.** ③

40 단면적이 A와 $2A$인 U자형 관에 밀도가 d인 기름이 담겨져 있다. 단면적이 $2A$인 관에 관벽과는 마찰이 없는 물체를 놓았더니 그림과 같이 평형을 이루었다. 이때 이 물체의 질량은 얼마인가?

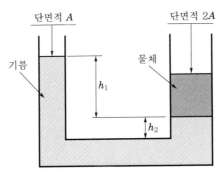

① Ah_1d 　　　　② $2Ah_1d$ 　　　　③ $2Ah_2d$ 　　　　④ $A(h_1+h_2)d$

· 정답 풀이 ·

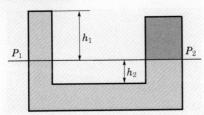

위 그림처럼, 동일선상의 높이에서 $P_1 = P_2$의 관계가 성립된다. 따라서 P_1과 P_2를 각각의 식으로 표현하여 관계식을 두어 풀면 된다.

$P = \gamma h$ [단, γ: 비중량, h: 높이, $\gamma = \rho g$(밀도×중력가속도)]

$P_1 = dgh_1,\ P_2 = \dfrac{F}{A} = \dfrac{\text{물체의 무게}}{\text{단면적}} = \dfrac{Mg}{2A}$

$P_1 = P_2 \ \rightarrow \ dgh_1 = \dfrac{Mg}{2A}$

$\therefore\ M = 2Ah_1d$

04 2019 하반기
한국서부발전 기출문제

1문제당 1.43점 / 점수 [   ]점

01 다음 M.L.T 차원계 해석으로 올바르게 연결되지 않은 것은? [단, M: 질량, T: 시간, L: 길이]

① 힘: MLT^{-2}

② 가속도: LT^{-2}

③ 압력: $ML^{-1}T^{-2}$

④ 점성계수: $ML^{-2}T^{-1}$

• 정답 풀이 •

M.L.T 차원계 해석은 기출이 많이 되는 부분이다. 간단하지만 실수할 수 있기에 차근차근 풀어 보자.

• 힘(F): $F = m \times a = \text{kg}(\text{m/s}^2) = MLT^{-2}$

• 가속도(a): $a = \text{m/s}^2 = LT^{-2}$

• 압력(P): $P = \dfrac{F}{A} = \text{N/m}^2 = MLT^{-2} \times L^{-2} = ML^{-1}T^{-2}$

• 점성계수(μ): $\mu = \tau(\text{전단응력}) \times \dfrac{dh}{du} = \text{N/m}^2 \times \dfrac{\text{m}}{\text{m/s}} = \text{N} \cdot \text{s/m}^2$

$\rightarrow \text{N} \cdot \text{s/m}^2 = MLT^{-2} \times T \times L^{-2} = ML^{-1}T^{-1}$

02 다음 중 단위환산이 올바르지 않은 것은? [단, 중력가속도 $g = 10\text{m/s}^2$]

① $20\text{m/s} = 7.2\text{km/h}$

② $1,000\text{N} = 10,000\text{kgf}$

③ $20\text{Pa} = 20\text{N/m}^2$

④ $1\text{stoke} = 1\text{cm}^2/\text{s}$

• 정답 풀이 •

쉬울수록 실수하기 쉽다. 이와 같은 문제는 절대 틀리지 않도록 주의하자.

① $7.2\text{km/h} = 7,200\text{m}/3,600\text{s} = 2\text{m/s}$

② $1\text{kgf} \rightarrow$ 지구의 표준중력가속도에 1kg의 질량을 가진 물체가 가진 힘이다. 문제에서 중력가속도 $g = 10\text{m/s}^2$이라 했으므로 $1\text{kgf} = 10\text{N}$이다. 따라서, $100,000\text{N} = 10,000\text{kgf}$이다.

③ $P = \dfrac{F}{A}$이므로 $1\text{Pa} = 1\text{N/m}^2$이다.

④ 1stoke는 동점성계수(ν)의 또 다른 단위의 표현이다. $1\text{stoke} = 1\text{cm}^2/\text{s} = 10^{-4}\text{m}^2/\text{s} = 100\text{cts}$

정답 **01.** ④ **02.** ①, ②

03 정지상태일 때 질량 20kg인 물체가 10초 동안 40N의 일정한 힘을 가했을 경우 최종 속도(V)와 이때 10초 동안 움직인 이동거리는 무엇인가?

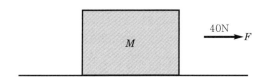

	최종 속도	이동거리		최종 속도	이동거리
①	20	100	②	40	100
③	30	80	④	40	80

 · 정답 풀이 ·

일정한 질량에 일정한 힘이 가해지고 있으므로 **"등가속도 운동"**을 하고 있다. 등가속도 운동에서 주로 쓰이는 다음의 공식을 이용해 값을 구한다.

1) $V = V_0 + at$ 2) $S = S_0 + V_0 t + \dfrac{1}{2}at^2$ 3) $V^2 = V_0^2 + 2a(S - S_0)$

여기서, V: 최종속도, V_0: 초기속도

· 주어진 조건

1. 정지상태: $V_0 = 0$, $S_0 = 0$

2. 질량 20kg, 일정한 힘 40N

$F = ma \rightarrow 40\text{N} = 20\text{kg} \times a \rightarrow a = 2\text{m/s}^2$

3. 시간(t) = 10s

1) $V = V_0 + at = 0 + (2 \times 10) = 20\text{m/s}$

2) $S = S_0 + V_0 t + \dfrac{1}{2}at^2 = 0 + 0 + \dfrac{1}{2} \times (2 \times 10^2) = 100\text{m}$

[별해]

다음 그래프는 $[v-t]$그래프이다.

$[v-t]$그래프에서 면적은 **"이동거리(s)"**를 나타낸다.

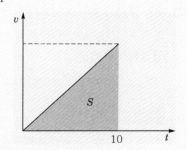

1) v(속도)를 구해준다.

주어진 문제에서는 가속도를 통해 속도를 구한다 ($a = 2\text{m/s}^2$). 가속도는 물체의 속도가 시간에 따라 변할 때, 단위 시간당 변화의 비율을 의미한다.

$a = \dfrac{dv}{dt} = \dfrac{v - v_0}{t - t_0} \rightarrow v_0 = 0,\ t_0 = 0$

$\therefore v = at = 2 \times 10 = 20\text{m/s}$

2) $[v-t]$그래프의 면적이 이동거리이므로 삼각형의 넓이를 구해보면,

$S = \dfrac{1}{2}vt = \dfrac{1}{2} \times 20 \times 10 = 100\text{m}$

정답 03. ①

04 다음 중 운동량에 대한 설명으로 옳지 <u>않은</u> 것은?

① 물체가 빠를수록 운동량은 커진다.
② 두 물체가 같은 속도로 달리고 있을 때, 무거운 물체를 멈추게 하는 데 더 큰 힘을 요구한다.
③ 무거운 물체의 운동량은 항상 가벼운 물체의 운동량보다 크다.
④ 아무리 무거운 물체라도 정지상태일 때의 운동량은 0이다.

• 정답 풀이 •

공기업 시험에서는 계산기를 사용할 수 없기 때문에, 정의를 묻는 문제가 많이 출제된다.
"운동량"에 대해 정확하게 이해하여 운동량 문제는 다 맞추도록 하자.
• 운동량(P) : 물체의 질량과 속도의 곱인 벡터량, 단위는 kg · m/s 이다.
  따라서, 물체의 질량과 속력, 운동방향을 나타내므로 운동 상태에 대해서 알려준다.

$$P = mV = kg \cdot m/s = [MLT^{-1}] \cdots \ ㉠$$

① ㉠의 식을 통해 알 수 있듯이, 물체의 속도(V)가 빠를수록 운동량(P)은 커진다.
② $m_1 > m_2$이고 $V_1 = V_2$이면, $m_1 V_1 > m_2 V_2$이므로 같은 속도일 경우, 무거운 물체가 더 큰 운동량을 가지게 되므로 무거운 물체를 멈추는 데 더 큰 힘이 필요하다.
③ 가정을 해보자.
  $m_1 = 10kg$, $V_1 = 10m/s$이고 $m_2 = 2kg$, $V_2 = 200m/s$인 물체를 가정해보자.
  이 경우, $m_1 V_1 < m_2 V_2 \rightarrow 100 < 400$이므로, m_1이 더 무겁지만 속도는 더 느리기 때문에 운동량이 작아지는 경우가 생길 수 있다.
④ ㉠의 식에 의해, 운동량은 속도에 영향을 받는다. 즉, 정지상태이면 속도는 0값을 가지므로 아무리 무거운 물체라도 운동량 값은 0이다.

05 어떤 물체가 높이 90m에서 자유낙하할 때, 운동에너지와 위치에너지가 같아지는 지점에서 물체의 속도(V)는 얼마인가? [단, 중력가속도 $g = 10m/s^2$이며, 외부에 마찰력, 공기저항 등 다른 힘이 작용하지 않는다.]

① 10m/s　　　　② 20m/s　　　　③ 30m/s　　　　④ 40m/s

• 정답 풀이 •

다음 그래프는 물체가 자유낙하했을 때, 운동에너지와 위치에너지의 변화를 나타낸 것이다. 그래프를 통해서도 알 수 있듯이, 두 에너지의 교차점은 전체 길이의 절반이 되는 지점이다. 그러므로, 45m 지점에서의 속도를 구해주면 된다.

$$mgh = \frac{1}{2}mv^2 \rightarrow v = \sqrt{2gh} \quad (g = 10m/s^2, \ h = 45m)$$

$$\therefore v = \sqrt{2 \times 10 \times 45} = 30m/s$$

또는 초기 위치에너지값이 $900m$이므로, 같아질 때는 위치에너지,
운동에너지가 각각 $450m$일 것이다. 따라서

$$0.5m V^2 = 450m \rightarrow V^2 = 900 \quad \therefore V = 30m/s$$

운동에너지

위치에너지

90m

정답 04. ③　05. ③

06 다음 보기에서 설명하는 특수 제조법은 무엇인가?

> – 치수의 정밀도를 보장 받을 수 있는 대표적인 주조법이다.
> – 복잡한 형상의 코어 제작에 적합하여 정밀도가 높은 주형을 만들 수 있다.

① 진공 주조법
② 이산화탄소 주조법
③ 인베스트먼트법
④ 다이캐스팅법

• 정답 풀이 •

이산화탄소(CO_2) 주형법: 규사[SiO_2]에 점결제로 규산소다를 3~6% 첨가하여 혼합시킨 후, 주형에 **이산화탄소를 불어넣어 빠른 시간 내에 경화시키는 방법**
→ 주물을 꺼낼 때, 주형 해체가 어려울 수도 있지만 **치수의 정밀도를 보장 받을 수 있는 주조법**
[주요 특징]
• **복잡한 형상의 코어 제작에 적합**하므로 정밀도가 높은 주형과 강도 높은 주형을 얻을 수 있다.
• 이산화탄소를 단시간 내에 경화시키기 때문에 주형 건조시간의 단축이 가능하다.

07 다음 전단각에 대한 설명으로 옳지 <u>않은</u> 것은?

① 전단각이 클수록 절삭력이 감소한다.
② 전단각이 작아질수록 가공면의 치수정밀도는 좋아진다.
③ 칩 두께가 커질수록 공구와 칩 사이의 마찰이 커져 전단각이 작아진다.
④ 경사각이 감소하면 전단각이 감소하고 전단변형률이 증가한다.

• 정답 풀이 •

전단각: 전단 공구에 있어서, 작은 힘으로 절단할 수 있도록 아랫날에 대해서 윗날을 경사지게 하는 각도
① 전단각이 클수록 전단력(절삭력)이 작아지고 경사각은 크다.
   → 전단각과 절삭력은 반비례 관계라 보면 된다.
② 전단각이 작아질수록 절삭력은 커지고 가공면의 치수정밀도는 나빠진다.
③ 칩두께가 커질수록 공구와 칩 사이의 마찰이 커져 전단각이 작아진다.
   → 전단각이 작아지면 큰 절삭력을 필요하게 되어 칩 두께가 두꺼워진다.
④ 경사각이 감소하면 전단각이 감소하고 전단변형률이 증가한다. 따라서 제거되는 재료 부피당 에너지가 증가하고 절삭력은 증가하게 된다.

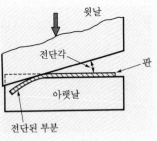

정답 06. ②   07. ②

08 다음 중 질화법에 대한 설명으로 옳지 <u>않은</u> 것은?

① 질화층이 단단하고 두껍다.
② 마모와 부식 저항이 크다.
③ 변형 생성이 적다.
④ 침탄 후 담금질 처리가 필요가 없다.

• 정답 풀이 •

[질화법]
• 강의 표면 경화법 중 하나로 화학적인 표면 경화법이다. 즉, 강을 500~550°C의 암모니아 NH_3가스 중에서 장시간 가열하면 질소(N)가 흡수되어 질화물을 형성해 표면에 질화 경화층을 만드는 방법이다.
• 내식성, 내마멸성이 있어 고온에서 안정해 마모 및 부식에 대한 저항이 크다.
• 기어의 잇면, 크랭크 축 머리부, 고급내연기관의 실린더 내면, 동력전달용 체인에 사용
✓ 질화법과 침탄법의 특징 비교가 많이 출제되므로 함께 암기하자.

침탄법	질화법
경도 ↓	경도 ↑
침탄 후 열처리(담금질) 필요함	침탄 후 열처리(담금질) 필요 없음
침탄 후 수정 가능	침탄 후 수정 불가능
단시간에 표면경화 가능	표면 경화시간이 김
변형 생성	변형 적음
침탄층 단단(두꺼움)	질화층 얇음
가열온도 높음(900~950°C)	가열온도 낮음(500~550°C)

✓ 질화효과를 높이기 위해 첨가되는 원소 & 강에 첨가되어 있으면 질화가 잘되는 원소
Al, Cr, Mo   Al, Ti, V

09 드릴링 작업 중 드릴의 지름을 2배 증가시켰을 때 절삭속도는 몇 배가 되는가?

① 2배   ② 0.5배   ③ 4배   ④ 0.25배

• 정답 풀이 •

드릴링의 절삭속도 $v = \dfrac{\pi d N}{1,000}$[m/min]을 안다면, 1분 만에 풀 수 있는 문제이다. 드릴의 지름 d은 절삭속도와 비례관계이므로 지름을 두 배 증가시키면 절삭속도 또한 2배가 된다.

정답 **08.** ① **09.** ①

10 다음 중 구성인선 방지법으로 옳지 않은 것은?

① 절삭깊이를 깊게 한다.
② 절삭속도를 크게 한다.
③ 절삭 공구의 인선을 예리하게 한다.
④ 윤활성이 좋은 절삭유를 사용한다.

· 정답 풀이 ·

구성인선(Built up edge): 연성재료를 절삭할 때 칩이 고온·고압으로 공구인선에 응착하여 실제의 절삭 날 역할을 하는 것으로 공구 끝에 칩이 가공경화 되서 조금씩 부착된 형태이다. 구성인선이 있으면 경사각이 커져 절삭저항이 작아져 공구 날끝이 구성인선으로 보호되어 공구의 수명을 연장시켜줄 수도 있지만, 계속 발생하게 되면 날끝이 탈락되는 치핑현상이 발생되어 공구수명을 단축시키므로 구성인선은 방지해줘야 한다.

[구성인선 방지법]
"유동형 칩"이 생성되는 조건으로 만들어 준다고 생각하기.
• 절삭 깊이를 작게 한다. = 칩 두께를 줄여준다.
• 윗면경사각을 크게 하며 절삭속도를 높여준다.
  → 구성인선 발생을 없애는 구성인선의 임계속도(절삭속도) = 120m/min
• 절삭공구의 인선(날 끝)을 예리하게 해준다.
• 윤활성이 좋은 절삭유를 사용한다.
• 마찰계수가 적은 초경합금과 절삭공구를 사용한다.

11 밀링의 부속장치 중 수평 및 수직면에서 임의의 각도로 선회시킬 수 있는 부속장치는?

① 수직밀링장치   ② 슬로팅장치
③ 만능밀링장치   ④ 레크밀링장치

· 정답 풀이 ·

[밀링머신 부속장치의 종류] 간단하게 정의를 주는 문제가 많아지므로 꼭 암기하자.
• **수직밀링장치**: 수평 및 밀링머신의 주축단 기둥면에 설치하여 밀링커터 축을 수직 상태로 사용한다.
• **슬로팅장치**: 수평 및 만능 밀링머신의 기둥면에 설치하여 **주축의 회전운동을 공구대의 왕복 운동으로 변환시키는 장치**로 평면 위에서 임의의 각도로 경사시킬 수 있다.
  ☆ 주로 키 홈, 스플라인, 세레이션 등을 가공할 때 사용한다.
• **만능밀링장치**: 수평 및 수직면에서 임의의 각도로 선회시킬 수 있으며 수평밀링머신의 테이블 위에 설치하여 사용(단, 45도 이하에서 회전 가능)한다.
• **레크밀링장치**: 긴 레크를 깎는데 사용되며 별도의 테이블을 요구하는 피치만큼 정확하게 이송하여 분할할 수 있는 장치

정답 10. ① 11. ③

12 가스 용접에서 용제를 사용하는 이유로 옳은 것은?

① 용접 후 불순물이 용접부에 침입하는 것을 막기 위해서
② 침탄 작용을 촉진하기 위해서
③ 용착효율을 높이기 위해서
④ 용융금속의 과냉을 방지하기 위해서

▶ 정답 풀이 ◀

용제의 의미를 알면 왜 가스용접에서 용제를 사용하는지를 알 수 있다.
용제란: 피복제가 용접 열에 녹아 유동성이 있는 **보호막**이다. 즉, 용제는 대기 중 산소와의 접촉을 차단시켜 불순물이 용접부에 생성되어 들어가는 것을 방지하는 역할을 한다.

13 다음 자유도와 관련된 설명으로 옳지 <u>않은</u> 것은?

① 자유도란 물리계의 모든 상태(위치 등)을 완전히 기술하기 위한 독립좌표들의 최소수이다.
② 회전할 수 있는 방향의 개수와 물체가 이동하는 방향의 개수를 합한 값이다.
③ 2차원 평면운동에서 질점의 자유도는 3이고, 강체의 자유도는 2이다.
④ 3차원 공간에서 질점의 자유도는 3이고, 강체의 자유도는 6이다.

▶ 정답 풀이 ◀

자유도는 회전할 수 있는 방향의 개수와 물체가 이동하는 방향의 개수를 합한 값이다.
어떤 물체가 특정한 한 방향으로만 움직인다면, 그 물체는 특정한 방향에 대해 1자유도를 가진다.
만약, **2차원의 평면운동**이라고 하면 **강체의 경우**는 x, y축에 대한 병진운동과 z축에 대한 회전운동을 하기 때문에 **3자유도**를 가진다. **질점의 경우**는 x, y축에 대한 병진운동만 하기 때문에 **2자유도**를 갖는다. **1차원 직선운동**에서는 강체와 질점 모두 병진운동만 하므로 **1자유도**만 갖는다.
부피를 가진 강체는 3차원 공간에서 **회전운동과 병진운동을 표현해야 하므로 6자유도**를 갖는다. 그 이유는 위-아래, 왼쪽-오른쪽, 앞-뒤의 3가지 방향으로 운동할 수 있어 병진운동에서는 3자유도를 갖고 앞, 옆, 사선으로 회전할 수 있으므로 회전운동에서도 3자유도를 갖는다. 따라서 물체의 운동을 해석하려면 최소 6자유도가 필요하다.
3차원 공간에서 질점은 부피를 갖지 않으므로 회전운동이 없어 병진운동에 대한 3자유도를 갖는다.

용어정리

• 병진운동: 질점계의 모든 질점이 평행이동을 하는 운동
• 회전운동: 물체가 회전 축을 중심으로 회전하는 운동

14 짧은 시간 동안 상대적으로 운동하는 두 물체 또는 입자가 근접 또는 접촉해서 강한 상호 작용을 하는 경우를 충돌현상이라고 한다. 충돌현상에 대한 설명으로 옳지 <u>않은</u> 것은?

① 뉴턴 운동방정식에 의하면 충격량과 운동변화량은 같으며, 단위는 $kg \cdot m/s$ 이다.

② 외부에서 힘이 가해지지 않을 때 두 물체가 서로 힘을 주고받을 경우 힘을 받기 전의 운동량과 후의 운동량은 항상 같다.

③ 두 물체가 충돌하여 되튀어 나가는 정도를 나타내는 수치로 충돌 전후의 상대속도의 비로 주어지는 것을 반발계수라 한다.

④ 불완전한 탄성충돌일 경우 충돌 전후의 운동에너지는 보존되고 운동량은 보존되지 않는다.

·정답 풀이·

① 충격량 Ft는 운동변화량 $m(v_2 - v_1)$과 같으며 단위는 질량단위에서 속도단위를 곱한 $kg \cdot m/s$ 이다.

② 운동량보존의 법칙과 관계된 내용으로 외력이 가해지지 않았을 때, 충돌하는 두 물체는 매우 짧은 시간에 서로 힘을 교환하게 된다. 작용과 반작용의 법칙에 의해 서로의 힘의 크기가 같고 접촉시간이 같으므로 충격량(Ft)은 같다. 충격량이 같다면 운동량의 변화량 또한 같으므로 충격 전의 총 운동량과 충격 후의 총 운동량은 같다.

③ 반발계수(e)는 변형의 회복 정도를 나타내는 값으로 $0 \leq e \leq 1$의 값을 나타내며,

$$반발계수(e) = \frac{충돌 \ 후의 \ 상대속도(v_2' - v_1')}{충돌 \ 전의 \ 상대속도(v_2 - v_1)}$$으로 나타낼 수 있다.

④ **충돌의 종류**
- 완전탄성충돌($e = 1$): 충돌 전후의 운동량과 운동에너지가 모두 보존된다.
- 완전비탄성충돌($e = 0$): 충돌 후 반발 없이 하나로 합쳐져서 충돌 후 두 질점의 속도가 같아진다.
  (예) 진흙), 운동량은 보존되지만 운동에너지는 보존되지 않는다.
- 불완전탄성충돌($0 < e < 1$): 운동량은 보존되지만 운동에너지는 보존되지 않는다.

용어정리

- **운동량방정식**: 운동량방정식은 뉴턴의 운동 제2법칙 $F = ma$에서 출발한다. 가속도는 속도의 변화량을 시간의 변화량으로 나눈 것이므로 식으로 표현하면 $F = ma = m\frac{dv}{dt}$로 나타낼 수 있다. dt를 이항하면 $Fdt = mdv$가 된다. 이 식을 적분하면 $Ft = m(v_2 - v_1)$라는 식이 나오는데 여기서 Ft를 역적 또는 충격량이라 하며, $m(v_2 - v_1)$을 운동량의 변화량이라 한다.

정답 14. ④

15 단순조화 운동에서 각속도를 2배 높였을 경우 나타나는 현상은?

① 각진동수 변화가 없다.

② 주기가 0.5배 낮아진다.

③ 진동수가 0.5배 낮아진다.

④ 원진동수 변화가 없다.

• 정답 풀이 •

단순조화 운동: 주기 중에서 가장 단순한 sin함수 또는 cos함수의 형태를 나타내는 운동을 말한다.

• **주기**(T): 한 사이클을 진행하는 데 걸리는 시간을 말하며, $T = \dfrac{2\pi}{\omega}$로 나타낸다.

• **진동수**(=주파수, f): 주기의 역수를 말하며, 단위시간 동안에 이룬 사이클의 수를 나타낸다.

$$f = \frac{1}{T} = \frac{\omega}{2\pi}$$

여기서, 각속도(ω)를 2배 높이면, $T = \dfrac{2\pi}{\omega}$에 의해 주기는 0.5배 줄어든다. 참고로, 진동에서는 각속도(ω)를 각진동수 또는 원진동수라고 표현한다.

16 감쇠 자유 운동에서 진동이 발생하지 않을 경우의 감쇠비 조건은? [단, 감쇠비를 ζ라 한다.]

① $\zeta = 0$

② $\zeta \geq 1$

③ $\zeta \leq 1$

④ $\zeta = 1$

• 정답 풀이 •

[임계감쇠계수(C_{cr})]

진동을 일으킬 수 있느냐, 없느냐를 결정해주는 값으로 $C_{cr} = 2\sqrt{mk}$로 나타난다.

[감쇠비(ζ)]

감쇠계수를 C로 두었을 때, 진동을 일으킬 수 있는지를 판단하는 임계감쇠계수 C_{cr}보다 클수록 감쇠비가 커지기 때문에 과도감쇠가 일어나 진동이 일어나지 않는다. 그 반대의 경우엔 감쇠가 적기 때문에 진동이 일어날 소지가 충분히 많아지게 된다. 이처럼 감쇠의 정도로 진동의 발생 유무를 판단하기 위한 비를 말하며 **감쇠비**는 $\zeta = \dfrac{C}{C_{cr}}$로 표현 가능하다.

• $\zeta < 1$일 때, 감쇠계수가 임계감쇠계수보다 작으므로, 진동을 없애기 위한 감쇠가 적기 때문에 진동이 일어날 수 있다. 이를 **아임계감쇠 또는 부족감쇠**라 한다.

• $\zeta = 1$일 때, 물체가 외부로부터 외란을 받을 때 진동을 일으키지 않고 정지상태로 점점 안정화되는 것을 **임계감쇠**라 한다.

• $\zeta > 1$일 때, 감쇠계수가 임계감쇠계수보다 크므로, 진동을 억제하기 위해 충분히 감쇠시키기 때문에 진동이 일어나지 않는다. 이를 **초임계감쇠 또는 과도감쇠**라 한다.

17 다음 그림과 같이 스프링에 달려있는 질량 $m = 0.1\text{kg}$인 물체가 속도 $V = 10\text{m/s}$인 직선운동을 하여 벽과 충돌하였다. 이때의 최대 처짐량(δ)은 몇 m인가? [단, 마찰은 무시하며 스프링과 물체의 중심은 같고, 스프링상수 $k = 0.4$]

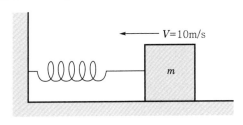

① 5 　　　　② 10 　　　　③ 15 　　　　④ 20

- 정답 풀이 -

스프링에 달린 질량이 0.1kg인 물체가 10m/s의 속도로 직선운동을 한다면,

총 운동에너지는 $\dfrac{1}{2}mv^2 = \dfrac{1}{2} \times 0.1 \times 100 = 5\text{J}$이고 물체가 바닥에 닿아 있기 때문에 위치에너지는 0

이다.

또한, 스프링의 탄성에너지는 $\dfrac{1}{2}kx^2 = \dfrac{1}{2} \times 0.4 \times x^2 = 0.2x^2$이다.

[여기서, x: 스프링의 처짐량]

→ 물체의 운동 전 총에너지와 운동 후 총에너지는 운동에너지 보존법칙에 의해 일정하므로,

$5\text{J} = 0.2x^2$이고, $x = 5\text{m}$가 된다.

18 감쇠를 무시할 수 있을 때 전달률은 1이다. 이때의 진동수비는 몇인가?

① $\gamma = \sqrt{2}$ 　　　② $r > \sqrt{2}$ 　　　③ $r < \sqrt{2}$ 　　　④ $r = 1$

- 정답 풀이 -

전달률: 위력을 가하여 강제적으로 진동시키는 경우 진동전달률$(TR) = \dfrac{\text{피진력진폭}}{\text{가진력진폭}}$이다.

진동수비와의 관계로는 $TR = \dfrac{1}{r^2 - 1}$로 표현할 수 있다.

문제에서, 전달률(TR)이 1이므로 진동수비(r)은 $\sqrt{2}$가 된다.

- $TR = 1$이면 $r = \sqrt{2}$: 임계값
- $TR < 1$이면 $r > \sqrt{2}$: 진동절연. 전달률이 커질수록 감쇠비(ζ)는 커진다.
- $TR > 1$이면 $r < \sqrt{2}$: 전달률이 커질수록 감쇠비(ζ)는 작아진다.

정답 **17.** ① **18.** ①

19 다음 열역학 법칙에 대한 설명으로 옳지 <u>않는</u> 것은?

① 에너지 보존 법칙을 나타낸 것은 열역학 제1법칙이다.
② 정량성 상태량의 종류에는 체적, 온도, 압력, 밀도 등이 있다.
③ 전기에너지를 무시한 상태에서 운동에너지와 위치에너지를 고려하지 않을 때 총에너지의 합은 내부에너지이다.
④ 열과 일은 편미분이 되며 경로함수이다.

▶ 정답 풀이 ◀

[열역학 법칙]
• **열역학 제0법칙**: 열평형의 법칙
• **열역학 제1법칙**: 에너지 보존의 법칙으로 "어떤 계의 내부에너지의 증가량은 계에 더해진 열 에너지에서 계가 외부에 해준 일을 뺀 양과 같다." 즉, 열과 일의 관계를 설명하는 법칙으로 열과 일 사이에는 전환이 가능한 일정한 비례관계가 성립한다. 따라서 열량은 일량으로 일량은 열량으로 환산이 가능하므로 **열과 일 사이에 에너지 보존의 법칙이 적용**된다. 열역학 제1법칙은 가역·비가역을 막론하고 모두 성립한다.
• **열역학 제2법칙**: 에너지의 방향성을 밝힌 법칙
• **열역학 제3법칙**: 온도가 0K에 근접하면 엔트로피는 0에 근접한다.

[상태량]
• **종량적 상태량(크기 성질)**: 계의 크기(질량) 또는 범위에 따라 값이 변하게 되는 상태량
  🔲 질량, 체적, 내부에너지, 엔탈피, 엔트로피 등 반으로 나뉘면 반으로 줄어드는 상태
• **강도성 상태량(정량성 상태량, 세기 성질)**: 계의 크기(질량) 또는 범위와는 무관한 상태량(비상태량)으로 물질의 크기와 관계없이 물질의 강도만을 고려한 물성치
  🔲 온도, 압력, 밀도, **비체적** 등 반으로 나뉘어도 일정한 것
• **내부에너지**(U, kcal or kJ): 물체가 가지고 있는 총에너지로부터 **역학적 에너지**(위치에너지 + 운동에너지)를 뺀 나머지 에너지를 의미한다. 내부 $E(U)$ = 총E − (역학적 E + 전기적 E)
• **일과 열은 과정함수**(path function, 경로함수, 도정함수)라 한다.
  일과 열은 상태변화의 경로에 의존하므로 처음과 마지막의 상태만으로 결정되지 않는다. 따라서, 일과 열의 미소량은 성질의 미소량과 달라 어떤 함수의 완전미분(전미분)으로 나타낼 수 없고 편미분으로만 가능하다.

[관련 문제] 상태량에 대한 설명으로 옳지 <u>않은</u> 것은?

① 강도성 상태량은 물질의 질량과 관계가 없다.
② 강도성 상태량에는 온도, 압력, 체적 등이 있다.
③ 종량성 상태량에는 내부에너지, 엔탈피, 엔트로피 등이 있다.
④ 종량성 상태량은 어떤 계를 n등분하면 그 크기도 n등분만큼 줄어드는 상태량이다.

정답 19. ② [관련 문제]. ②

20 다음 중 운전 중에도 축이음을 차단시킬 수 있는 동력전달장치는?

① 마찰클러치
② 자재이음
③ 올덤커플링
④ 유니버셜커플링

클러치: 원동축에서 종동축에 토크를 전달시킬 때 간단히 두 축을 연결하기도 하고 분리시키도 할 필요성이 있을 경우 사용하는 축이음
→ 운전 중에도 축이음을 차단시킬 수 있는 동력전달 장치로 두 축을 빨리 단속할 필요가 있는 축이음
[클러치의 종류]
맞물림클러치, 마찰클러치(원판클러치 & 원추클러치), 유체클러치, 마그네틱클러치, 일방향클러치, 원심클러치

21 다음 그림은 이상기체를 등온선에 따라 상태 변화하는 과정이다. 이때, 압력과 체적의 관계는 어떻게 되는가?

① (압력)/(체적) = 일정
② (압력)×(체적) = 일정
③ (체적)×(압력)^2 = 일정
④ (체적)/(압력)^2 = 일정

[이상기체(완전가스) 상태방정식]
$PV=mRT$ [여기서, P: 압력, V: 체적, m: 질량, R: 기체상수, T: 온도]
이상기체(완전가스)란 보일(Boyle)의 법칙과 샤를(Charles)의 법칙 및 줄(Joule)의 법칙이 적용되는 가상적인 가스 중 "비열이 일정한 것"으로 이상기체(완전가스) 상태방정식($PV=mRT$)을 만족하는 가스이다.
[실제 가스가 이상기체(완전가스) 상태방정식을 만족하는 조건]
• 압력이 낮을수록
• 분자량이 작을수록
• 온도가 높을수록
• 비체적이 클수록
① **보일의 법칙**[등온법칙, $T=C$(일정)]: 기체의 온도가 일정($T=C$)할 때, **기체의 체적은 절대압력에 반비례한다.**
   문제에서, 조건은 $T=C$(일정)이다. 이때 질량과 기체상수는 값이 정해져 있는 조건이므로 $PV=C$, (압력)×(체적) = 일정
② **샤를의 법칙**[게이뤼삭의 법칙, $P=C$(일정)]: 기체의 압력이 일정($P=C$)할 때, **기체의 체적은 절대온도에 비례한다.**

22 키에 작용하는 두 응력 전단응력(τ_k)과 압축응력(σ_k)의 힘이 관계가 $\dfrac{\tau_k}{\sigma_k} = \dfrac{1}{2}$일 경우, h와 b의 관계는?

① $h = 0.5b$　　　② $h = b$　　　③ $h = 2b$　　　④ $h = 4b$

• 정답 풀이 •

[Key에 작용하는 응력]

• 축회전에 따른 키의 전단응력 $\tau_k = \dfrac{W}{A} = \dfrac{W}{bl} = \dfrac{\dfrac{2T}{d}}{bl} = \dfrac{2T}{bld}$

• 키 홈 측면의 압축응력 $\sigma_k = \dfrac{W}{A} = \dfrac{W}{tl}$ $\left(IF,\ t = \dfrac{h}{2}\text{일 경우}\right) = \dfrac{\dfrac{2T}{d}}{\dfrac{hl}{2}} = \dfrac{4T}{hld}$

문제에서 $\dfrac{\tau_k}{\sigma_k} = \dfrac{1}{2}$이라 했으므로 $\dfrac{\dfrac{2T}{bld}}{\dfrac{4T}{hld}} = \dfrac{1}{2}$ → $h = b$

23 스퍼기어에 대한 각부 명칭에 대한 설명으로 옳지 <u>않은</u> 것은?

① 이끝틈새 : 한편의 기어의 이끝원에서 그것과 맞물리고 있는 기어의 이뿌리원까지의 거리
② 이끝높이: 피치원에서 이끝원까지의 거리
③ 이뿌리높이 : 피치원에서 이끝원까지의 거리
④ 유효 이높이 : 한 쌍의 기어의 이끝 높이의 합

• 정답 풀이 •

[스퍼기어 각부 명칭]
• **이끝틈새**: 한편의 기어의 이끝원에서 그것과 맞물리고 있는 기어의 이뿌리원까지의 거리
• **이끝높이**: 피치원에서 이끝원까지의 거리, 어덴덤(a)
• **이뿌리높이**: 피치원에서 이뿌리원까지의 거리를 말하며, 디덴덤(d)
• **유효 이높이**(물림이높이): 한 쌍의 기어의 이끝 높이의 합
• **총이 높이**(h): 어덴덤(a)와 디덴덤(d)의 합

정답　**22.** ②　**23.** ③

24 다음 그림은 어떤 물질의 비열이 온도에 따라 측정된 값을 표현한 것이다. 그림에서 나타난 면적은 무엇을 의미하는가? [단, G: 물질의 질량, Q: 열량]

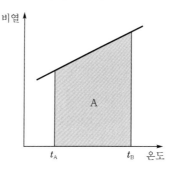

① $\dfrac{Q}{G}$ 　　　　② QG 　　　　③ $\dfrac{G}{Q}$ 　　　　④ $\dfrac{Q}{2G}$

· 정답 풀이 ·

그래프의 면적(A) ≒ $\triangle T \times \triangle C$ [온도와 비열의 곱으로 표현된다.]

여기서 Q(열량) $= G \cdot \triangle(C \cdot T)$이므로 $\dfrac{Q}{G} = \triangle(C \cdot T)$이다. 즉, 면적이 나타내는 것은 **단위질량당 열량**이다.

25 다음 중 공기압 장치에서 냉각기의 역할로 옳은 것은?

① 수분 제거 　　　　　　　② 압축공기 저장
③ 압축공기 건조 　　　　　④ 공기 압축

· 정답 풀이 ·

[공기압 장치의 구성요소]
- **냉각기**: 고온의 압축공기를 공기건조기로 공급하기 전 건조기의 입구온도 조건에 맞도록 **수분을 제거하는 장치**
- **공기탱크**: 탱크 안에 공기가 쌓이면 위에는 공기 아래는 수분이 생기는데 이를 드레인하여 **수분을 제거하는 역할**
- **에프터 쿨러**: 갑자기 공기가 팽창하면 온도가 떨어져 수분이 생기고 효율이 떨어지므로 **수분을 제거하기 위한 냉각 장치**
- **압축기**: 대기로부터 들어오는 공기를 압축하는 장치
- **원동기**: 압축기를 구동하기 위한 전기 모터
- **공압 제어밸브**: 압력제어밸브, 유량제어밸브, 방향제어밸브
- **공압구동부**: 액추에이터(실린더, 모터)
- **관로**: 압축공기를 한 곳에서 다른 곳으로 수송

26 탄성곡선의 미분 방정식인 처짐 곡선의 방정식을 이용하여 구할 수 있는 것은?

① 처짐각, 굽힘 강성계수
② 처짐각, 처짐량
③ 처짐량, 굽힘 강성계수
④ 굽힘 강성계수, 단위길이 당 하중의 세기

> • 정답 풀이 •
>
> 탄성곡선의 미분 방정식인 "처짐 곡선의 미분방정식" $\dfrac{d^2y}{dx^2} = -\dfrac{M}{EI} \cdots$ ㉠
>
> ㉠의 식을 정리하면, $EI\dfrac{d^2y}{dx^2} = -M \cdots$ ㉡
>
> ㉡을 미분하면, 1) $EI\dfrac{d^3y}{dx^3} = \dfrac{dM}{dx} = F$(전단력)
>
> 2) $EI\dfrac{d^4y}{dx^4} = \dfrac{d^2M}{dx^2} = \dfrac{dF}{dx} = w$(분포하중)
>
> ㉡을 적분하면 1) $EI\dfrac{dy}{dx} = \displaystyle\int Mdx = EI\theta$, θ = 처짐각
>
> 2) $EIy = \displaystyle\iint Mdx = EI\delta$, δ = 처짐량
>
> ∴ 탄성곡선의 미분 방정식인 "처짐 곡선의 미분방정식"을 통해 분포하중, 처짐각, 처짐량을 알 수 있다.

27 다음 중 상사의 법칙의 종류로 옳지 <u>않은</u> 것은?

① 기하학적 상사   ② 운동학적 상사
③ 역학적 상사   ④ 위치적 상사

> • 정답 풀이 •
>
> **상사법칙**: 모형실험을 통해 원형에서 발생하는 여러 특성을 예측하는 수학적 기법을 말하며 이론적으로 해석이 어려운 경우, 실제 구조물과 주변 환경 등 원형을 축소시켜 작은 규모로 제작한 모형을 통해 원형에서 발생하는 현상 및 역학적인 특성을 미리 예측하고 설계에 반영, 원형과 모형 간의 특성의 관계를 연구하는 기법
>
> [상사법칙의 종류]
> • **기하학적 상사**: 원형과 모형은 닮은꼴의 대응하는 각 변의 길이의 비가 같아야 **기하학적 상사**를 만족한다.
> • **운동학적 상사**: 모형과 원형에서 서로 대응하는 입자가 대응하는 시간에 대응하는 위치로 이동할 경우 **운동학적 상사**를 만족한다.
> • **역학적 상사**: 모형과 원형의 유체에 작용하는 상응하는 힘의 비가 전체 흐름 내에서 같아야 한다는 것을 의미한다.

정답 26. ②   27. ④

28 다음 보기에서 설명하는 마찰차는 무엇인가?

> 마찰차에서 큰 동력을 전달하기 위해서는 마찰계수가 크거나 미는 힘이 커야 한다. 하지만 미는 힘이 너무 크면 베어링에 가해지는 힘이 커져 베어링에 큰 무리를 줄 수 있다. 이를 방지하고자 더 큰 동력 전달을 하는 마찰차를 사용하는 데 개량한 마찰차는 무엇인가?

① 에반스 마찰차   ② 원판마찰차
③ 구면마찰차   ④ 홈 마찰차

• 정답 풀이 •

홈 마찰차: 밀어붙이는 힘을 증가시키지 않고, 전달동력을 크게 할 수 있도록 개량한 마찰차

[특징]
• 보통 양 바퀴를 모두 주철로 한다.
• 홈의 각도: $2\alpha = 30 \sim 40°$
• 홈의 피치(p): 3~20mm, 보통 10mm
• 홈의 수는 너무 많으면 홈이 동시에 정확하게 끼워지지 않으므로 보통 5개

29 다음 중 카르노사이클 열기관의 열효율에 대한 설명으로 옳지 않은 것은?

① 카르노사이클은 열기관의 이상 사이클로 가장 큰 열효율을 갖는다.
② 동일한 두 열저장조 사이에서 작동하는 용량이 다른 두 카르노 사이클의 열효율은 서로 다르다.
③ 고온 열저장조의 온도가 높을수록 열효율은 높아진다.
④ 저온 열저장조의 온도가 높을수록 열효율은 낮아진다.

• 정답 풀이 •

카르노사이클(carnot cycle): 열기관의 이론상 이상 사이클로 "2개의 가역등온변화와 2개의 가역단열변화"로 구성된 "열기관에서 최고 열효율"을 갖는 사이클
• 같은 두 열원에서 작동하는 가역사이클인 카르노사이클로 작동되는 기관은 모두 열효율이 같다.
• 카르노사이클의 열효율은 동작물질에 관계없이 두 열저장소의 절대온도에만 관계된다.
• 카르노사이클의 열효율은 열량의 함수를 온도의 함수로 치환가능하다.

$$\eta_c = \frac{W}{Q_1} = \frac{Q_1 - Q_2}{Q_1} = 1 - \frac{Q_2}{Q_1} = 1 - \frac{T_2}{T_1}$$

• 카르노사이클의 열효율을 높이려면
 – 고열원의 온도(T_1)가 높아야 한다.
 – 저열원의 온도(T_2)는 낮아야 한다.
 – 동작물질의 밀도는 작아야 한다.

30 단면이 꽉 찬 중실축에 비틀림이 작용하고 있다. 이때 전단응력을 구하기 위해 필요한 단면의 성질은 무엇인가?

① 단면 1차 모멘트   ② 극단면계수

③ 단면 2차 모멘트   ④ 단면계수

> **• 정답 풀이 •**
>
> 비틀림모멘트(T) $= \tau Z_p =$ 전단응력×극단면계수
>
> 즉, 비틀림이 작용했을 경우, 전단응력을 구하기 위해서는 극단면계수(Z_p)를 알면 된다.

31 다음 중 볼나사의 장점으로 옳지 <u>않은</u> 것은?

① 토크의 변동이 적고, 고속에서도 조용하다.
② 미끄럼 나사보다 전달효율이 크고 공작기계의 이송나사, NC기계의 수치제어장치에 사용한다.
③ 피치를 작게 하는 데 한계가 있다.
④ 마찰이 작아 정확하고 미세한 이송이 가능하다.

> **• 정답 풀이 •**
>
> 볼나사: 운동용 나사 종류 중 하나로 수나사와 너트부분에 나선 모양의 홈을 파 두 개의 홈을 맞대어 향하도록 맞추고, 그 홈 사이에 수많은 볼들을 배치한 구조이다. 수나사와 너트는 상호 간에 "직선운동과 회전운동"을 한다.
> [볼나사의 장점과 단점]
> • 장점
>   – 나사의 효율이 좋다.
>   → 미끄럼 나사보다 전달효율이 크므로 "공작용 기계의 이송나사, NC기계의 수치 제어장치, 정밀기계" 등에 사용된다.
>   – 축방향의 백래시를 작게 할 수 있다.
>   – 마찰이 작아서 정확하고 미세한 이송이 가능하다.
>   – 윤활에 그다지 주의하지 않아도 된다.
>   – 먼지에 의한 마모가 적고 토크의 변동이 적다.
>   – 높은 정밀도를 오래 유지할 수 있다.
> • 단점
>   – 자동체결이 불가능하다.
>   – 가격이 비싸며 **고속에서 소음이 발생**한다.
>   – 너트의 크기가 크게 되어 **피치를 작게 하는 데 한계가 있다.**

정답 30. ②   31. ①

32 다음 조직 중 경도가 가장 높은 조직과 가장 낮은 조직을 순서대로 옳게 나열한 것은?

> ㄱ. 오스테나이트   ㄴ. 펄라이트   ㄷ. 페라이트   ㄹ. 시멘타이트   ㅁ. 소르바이트
> ㅂ. 마텐자이트   ㅅ. 트루스타이트   ㅇ. 베이나이트

① ㄱ, ㄴ   ② ㄱ, ㄷ
③ ㄹ, ㄴ   ④ ㄹ, ㄷ

• 정답 풀이 •

최근 조직의 경도 순서를 물어보는 문제가 자주 출제되고 있다. 경도 순서는 확실하게 외우자.
[여러 조직의 경도 순서]
시멘타이트 > 마텐자이트 > 트루스타이트 > 베이나이트 > 소르바이트 > 펄라이트 > 오스테나이트 > 페
라이트

33 카르노사이클에서 고열원에서 100J의 열을 흡수하고 저열원에서 70J의 열을 방출할 때, 이 카르
노사이클의 열효율은?

① 30%   ② 35%
③ 40%   ④ 45%

• 정답 풀이 •

카르노사이클: 가역 이상 사이클로 열기관에서 효율이 최대를 나타내는 사이클이다.
2개의 등온과정과 2개의 단열과정으로 구성되어 있다.

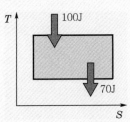

열효율$(\eta) = \dfrac{출력}{입력}$으로 나타낼 수 있다.

문제에서 100J의 열을 흡수하였고 70J의 힘을 방출하였다면 이 카르노사이클이 사용한 열은 30J이
다. 즉, 30J을 출력했다라고 할 수 있다.

100J의 입력으로 30J을 출력했으므로, 열효율$(\eta) = \dfrac{30}{100} \times 100[\%] = 30\%$

34 유압펌프의 각종 효율에 대한 설명 중 옳지 않은 것은?

① 전효율은 축 동력을 펌프 동력으로 나눈 값이다.
② 기계효율은 유체동력을 축 동력으로 나눈 값이다.
③ 용적효율은 실제 펌프 토출량을 이론 펌프 토출량으로 나눈 값이다.
④ 전효율은 용적효율, 기계효율, 수력효율의 곱으로 표현된다.

▶ 정답 풀이 ◀

유압펌프의 효율을 물어보는 문제는 자주 출제되므로 꼭 알아두자.

[유압펌프의 각종 효율]

- 전효율 $\eta = \dfrac{\text{펌프동력}}{\text{축동력}}$
- 기계효율 $\eta_m = \dfrac{\text{유체동력}}{\text{축동력}}$
- 용적효율 $\eta_v = \dfrac{\text{실제 펌프 토출량}}{\text{이론 펌프 토출량}}$
- η(전효율) $= \eta_v$(용적효율)$\times \eta_m$(기계효율)

35 다음 중 하겐-푸아죄유 방정식에 대한 설명으로 옳지 않은 것은 무엇인가?

① 층류유동에서만 사용할 수 있는 유량관계식이다.
② 점성으로 인한 압력손실은 점성계수, 관의 길이, 유량에 반비례한다.
③ 점성으로 인한 압력손실은 관지름의 4제곱에 반비례한다.
④ 하겐-푸아죄유 방정식은 원형단면에서만 적용된다.

▶ 정답 풀이 ◀

[하겐-포아제유 방정식]
달시-바이스바하 공식에서 하겐-푸아죄유 방정식으로 유도를 통해서 이 문제의 답을 찾도록 하자. 우선, **달시-바이스바하의 공식** $h_l = f \times \dfrac{l}{d} \times \dfrac{v^2}{2g}$ 에서 출발한다. 마찰계수 f가 **층류**일 때 $\dfrac{64}{Re}$ 이며, 레이놀즈수를 풀면 $\dfrac{64\mu}{\rho vd}\left(Re = \dfrac{\rho vd}{\mu}\right)$가 된다. 이를 정리하면, $h_l = \dfrac{32\mu l v}{\rho d^2 g}$ 가 된다.

이를 v에 관해 표현하면, $v = \dfrac{\rho g h_l d^2}{32\mu l} = \dfrac{\gamma h_l d^2}{32\mu l}(\gamma = \rho g) = \dfrac{\triangle P d^2}{32\mu l}(\triangle Pg = \gamma h_l)$이다.

양변에 **원형** 단면적($A = \dfrac{\pi d^2}{4}$)을 곱해보면, $A \times v = \dfrac{\triangle P \pi d^4}{128\mu l}$이 나오며, 연속방정식에 의해 $Q = Av$이므로 유량으로 바꿔주면 우리가 익히 아는 **하겐-푸아죄유 방정식** $Q = \dfrac{\triangle P \pi d^4}{128\mu l}$이 나온다.

즉, **층류상태에서 원형단면일 경우** 달시-바이스바하의 공식을 정리하면 하겐-푸아죄유 방정식이 나오게 된다. 이를 통해 ①, ④보기는 맞는 보기이며, $Q = \dfrac{\triangle P \pi d^4}{128\mu l}$의 식을 통해 점성계수($\mu$)는 관 지름($d$)의 4제곱과 서로 반비례 관계임을 알 수 있기 때문에 ③은 맞는 보기이다.

정답 **34.** ① **35.** ②

36 다음 기체 상수가 $3\text{J}/\text{kg} \cdot \text{K}$일 때, 정압비열과 정적비열의 차는 무엇인가?

① $1\text{J}/\text{kg} \cdot \text{K}$

② $2\text{J}/\text{kg} \cdot \text{K}$

③ $3\text{J}/\text{kg} \cdot \text{K}$

④ $4\text{J}/\text{kg} \cdot \text{K}$

• 정답 풀이 •

- **정압비열**(C_p) : 압력을 일정하게 유지한 채로 물질 1g을 1°C 올리는 데 필요한 열량
- **정적비열**(C_v) : 체적을 일정하게 유지한 채로 물질 1g을 1°C 올리는 데 필요한 열량
- **기체상수**(R) : 등온의 법칙이라 불리는 보일의 법칙인 $Pv = C$와, 정압법칙이라 불리는 샤를의 법칙 $\dfrac{v}{T} = C$를 합한 보일-샤를법칙($\dfrac{Pv}{T} = C$)에서 상수 C가 바로 기체상수(R)이다. 이는 기체의 종류에 따라 바뀌지 않으며 이상기체 1mol을 취하면 기체상수 R은 $8.314\text{J}/\text{K} \cdot \text{mol}$의 값을 가진다. 이 기체상수 $R = C_p - C_v$ 로 나타낼 수 있다.

37 평균속도 $30\text{m}/\text{s}$로 원통 관에 0°C의 물이 흐르고 있다. 이 흐름의 레이놀즈 수는 $1,000$이다. 이 때 0°C의 물은 지름이 몇 cm인 원통 관에서 흐르고 있는가? [단, 0°C 물의 동점성 계수 $= 9 \times 10^{-4}\text{m}^2/\text{s}$]

① 0.03

② 3

③ 0.01

④ 1

• 정답 풀이 •

레이놀즈 수

$\dfrac{\text{관성력}}{\text{점성력}}$ 이며 식으로 표현하면 레이놀즈수$(Re) = \dfrac{vd}{\nu} = \dfrac{\rho vd}{\mu}\left(\nu = \dfrac{\mu}{\rho}\right)$ [여기서, ν: 동점성계수, μ: 점성계수]이다. 따라서, $1{,}000 = \dfrac{30[\text{m}/\text{s}] \times \text{d}[\text{m}]}{9 \times 10^{-4}[\text{m}^2/\text{s}]} \rightarrow \therefore \text{d} = 0.03\text{m} = 3\text{cm}$

시험에서 이처럼 쉬운 문제는 혹시 본인이 실수한 부분이 없는지 확실히 체크하고 넘어가길 바란다. 이 문제처럼 계산 시 m로 나오는데 답은 cm로 물어보는 형식이나, 반지름과 지름이 같이 나오는 낚시 문제는 정말 많이 나온다. 참고로, 2018년도 한국공항공사 기출에서 마찰차의 속도비를 구하는 문제가 나왔었는데 원동은 반지름이 주어지고 종동은 지름이 주어진 문제가 출제되었고 많은 취준생들이 낚였었다.

이 책을 작업하면서 검수 중에 다시 문제를 풀어보았다. 저자도 낚였다. 비참했다. 죽고 싶었다.

단위 문제는 항상 낚일 수 있으니 쉽게 생각하지 않고 어떤 부분에 낚임의 요소가 있을지 항상 생각하고 또 생각해야 한다.

38 이상기체의 질량 $m = 5\text{kg}$이며 압력 $p = 5\text{N}/\text{m}^2$이고 온도 $T = 400\text{K}$이다. 이때의 가스 상수 $[\text{J}/\text{kg} \cdot \text{K}]$는 얼마인가? [단, 부피 $V = 4\text{m}^3$]

① 0.1   ② 0.2   ③ 0.01   ④ 0.02

· 정답 풀이 ·

기체상수(R) : 등온의 법칙이라 불리는 **보일의 법칙**$(Pv = C)$과 정압법칙이라 불리는 **샤를의 법칙** $\left(\dfrac{v}{T} = C\right)$을 합한 **보일-샤를법칙**$\left[\dfrac{Pv}{T} = C\right]$에서 상수 C가 바로 기체상수(R)이다. 이는 기체의 종류에 따라 바뀌지 않으며 이상기체 1mol을 취하면 기체상수 R은 $8.314\text{J/K} \cdot \text{mol}$의 값을 가진다.

보일-샤를의 법칙을 정리하면, $Pv = RT$가 되며, v는 비체적이므로, 체적으로 고치면 $\dfrac{V}{m}$이다. 이를 대입하면 이상기체방정식 $PV = mRT$가 된다.

문제에서 주어진 수치를 그대로 대입하면

$5\text{N/m}^2 \times 4\text{m}^3 = 5\text{kg} \times \text{R} \times 400\text{K} \rightarrow \therefore 0.01\text{J/kg} \cdot \text{K}$

(참고로, 기체상수 $8.314\text{J/K} \cdot \text{mol}$은 1mol에 대한 값이다.)

39 길이 $l = 100\text{cm}$인 원통에 압축하중 $P = 10\text{kN}$이 작용하여 지름이 0.0002cm만큼 증가하고 길이가 0.01cm만큼 줄어들었을 때, 압축하중이 작용하기 전의 지름 d는 몇 cm인가? [단, 푸아송비는 0.2이다.]

① 7cm   ② 8cm   ③ 9cm   ④ 10cm

· 정답 풀이 ·

푸아송비

탄성 한도 내에서 가로와 세로의 변형률비가 같은 재료에서는 항상 일정한 값을 가지는 것으로 체적의 변화를 나타낸다. 푸아송비는 푸아송수와 반비례 관계이다.

$\mu = \dfrac{\text{횡변형률}}{\text{종변형률}} = \dfrac{\varepsilon'}{\varepsilon} = \dfrac{1}{m} \leq 0.5$ [여기서, m : 푸아송비]

• $\mu = 0.5$, 고무는 푸아송비가 0.5인 상태로 체적이 거의 변하지 않는 상태이다.
• 금속은 주로 $\mu = 0.2 \sim 0.35$의 값을 갖는다.
• 푸아송비는 진응력-변형률 곡선에서는 알 수 없다. 하지만 인장시험에서 구할 수 있다.

   – 종변형률$(\varepsilon) = \dfrac{\text{길이변형률}(\lambda)}{\text{길이}(l)}$

   – 횡변형률$(\varepsilon') = \dfrac{\text{지름의 변화량}(\delta)}{\text{지름}(d)}$

푸아송의 비$(\mu) = \dfrac{\varepsilon'}{\varepsilon} = \dfrac{\frac{\delta}{d}}{\frac{\lambda}{l}} = \dfrac{\frac{0.0002}{d}}{\frac{0.01}{100}} = \dfrac{0.02}{0.01d} = \dfrac{2}{d} = 0.2 \rightarrow \therefore d = 10\text{cm}$

40 다음 보기에서 설명하는 밸브는 무엇인가?

주 회로의 압력을 일정하게 유지하면서 조작의 순서를 제어할 때 사용하며 작동이 행해지는 동안 먼저 작동한 유압 실린더를 설정압으로 유지시킬 수 있는 압력제어밸브

① 시퀀스밸브
② 무부하밸브
③ 카운터밸런스밸브
④ 감압밸브

• 정답 풀이 •

[압력제어밸브]
- 릴리프밸브(상시 밀폐형 밸브, 안전밸브, 이스케이프밸브)
  용기 내 유체가 최고압력을 초과할 때 유체를 외부로 방출하는 밸브
- 감압밸브(상시 개방형 밸브, 리듀싱밸브)
  유압회로에서 어떤 부분회로의 압력을 주 회로의 압력보다 낮은 압력으로 해서 사용하고자 할 때 사용하는 밸브
- 시퀀스밸브(순차동작밸브)
  주 회로의 압력을 일정하게 유지하면서 조작의 순서를 제어할 때 사용하는 밸브로 다음 작동   이 행해지는 동안 먼저 작동한 유압실린더를 설정압으로 유지시킬 수 있다.
- 카운터밸런스밸브(체크밸브가 내장, 자유낙하방지밸브라고 불림)
  연직방향으로 작동하는 램이 중력에 의해 낙하하는 것을 방지하는 밸브로 자중에 의한 하강을 방지하는 데 주로 쓰인다.
- 무부하밸브(=언로딩밸브)
  회로 내의 압력이 설정압력에 이르렀을 때 압력을 떨어뜨리지 않고 그대로 기름탱크에 되돌리기 위해 사용하며 동력 절감을 시도하고자 할 때 사용하는 밸브

41 다음 보기 중 항온열처리의 종류는 몇 개인가?

오스포밍, 오스템퍼링, 마아퀜칭, 마아템퍼링, Ms 퀜칭, 마래징

① 3개

③ 5개

② 4개

④ 6개

· 정답 풀이 ·

마래징이란 마레이징강(18~25% 니켈강)에 대한 **경화 열처리**로 마텐자이트를 450~510°C로 3시간 동안 시효처리하는 **특수 열처리**이다.

[항온열처리]

- 항온담금질
  - **오스템퍼링**: 베이나이트를 얻기 위한 열처리로, 담금 균열과 변형이 없으며 뜨임이 필요 없다.
  - **마아템퍼링**: 마텐자이트와 베이나이트 혼합조직을 얻으며 M_s와 M_f점 사이에서의 항온열처리로 경도, 인성이 큰 조직, 즉 충격값이 큰 조직을 얻을 수 있다.
- **마아퀜칭**: 담금 균열과 변형이 적은 마르텐자이트 조직을 얻을 수 있으며 복잡한 모양이 요구되는 제품의 담금질에 쓰인다.
- **Ms 퀜칭**: Ms보다 약간 낮은 온도에서 항온 유지 후 급냉하여 잔류 오스테나이트를 감소시키는 과정의 열처리를 말한다.
- **항온풀림**: 완전풀림으로 연화가 어려운 합금강인 대형단조품 또는 고속도강 등을 A_3 또는 A_1 이상 30~50°C로 가열 유지한 다음 A_1 바로 아래의 온도에서 급냉 유지하여 항온 변태처리를 하여 **거친 펄라이트 조직**을 얻는 열처리
- **항온뜨임**: 뜨임 온도로부터 $M_s(250℃)$의 열욕에 넣어 항온을 유지시켜 **2차 베이나이트** 조직을 얻는 것으로 **베이나이트 뜨임**이라고도 한다.
- **오스포밍**: 과냉 오스테나이트 상태에서 소성가공하고 그 후 냉각 중에 마텐자이트화하는 항온열처리 방법으로 준안정 오스테나이트 영역에서 성형 가공하여 **고인성강을 얻는다.**

42 다음 중 응력집중 현상에 대한 설명으로 옳지 않은 것은?

① 응력집중을 완화시키기 위해서는 단면이 진 부분에 필렛의 반지름을 작게 한다.
② 재료에 '노치, 구멍' 등을 가공하여 단면현상이 변화하면 그 부분에서의 응력이 불규칙해 국부적으로 매우 증가하게 되어 응력집중현상이 일어난다.
③ 체결 수를 증가시키고 경사(테이퍼)지게 하면 응력집중현상은 완화된다.
④ 응력집중계수는 재료의 크기나 재질에 관계없이 노치의 형상과 작용하는 하중의 종류에 따라 달라진다.

• 정답 풀이 •

[응력집중현상]
재료에 **노치, 구멍, 키홈, 단** 등을 가공하여 단면현상이 변화하면 그 부분에서의 응력은 불규칙하여 국부적으로 매우 증가하게 되어 응력집중현상을 일어나게 된다. 응력집중현상이 재료의 한계강도를 초과하게 되면 **균열**이 발생하게 되고 이는 파손을 초래하는 원인이 되므로 응력집중현상을 완화시켜야 한다.
[응력집중현상을 완화시키는 방법]
• 단면이 진 부분에 필렛의 반지름을 크게 한다.
• 단면 변화가 완만하게 변하도록 만들어야 한다.
• 축단부 가까이에 2~3단 단부를 설치해 응력흐름을 완만하게 한다.
• 단면 변화 부분에 보강재를 결합시켜 응력집중을 완화시킨다.
• 단면 변화 부분에 숏피닝, 롤러 압연처리 및 열처리를 시행하면 단면 변화 부분이 강화되거나 표면 가공정도가 향상되어 응력집중이 완화된다.
• 하나의 노치보다는 인접한 곳에 노치를 하나 이상 더 가공해서 **응력집중 분산효과**로 응력집중을 감소시킨다.
• 체결 수를 증가시키고 경사(테이퍼)지게 설계한다.
  → α_k(응력집중계수)는 재료의 크기나 재질에 관계없이 노치의 형상과 작용하는 하중의 종류에 따라 달라진다. 같은 형상의 노치인 경우에 **인장 > 굽힘 > 비틀림** 순으로 α_k(응력집중계수)가 커진다.

43 다음 원소 중 탄소강에 가장 많은 영향을 미치는 원소는?

① C   ② Mn   ③ S   ④ Si

• 정답 풀이 •

탄소강: 철에 0.03~1.7%의 탄소를 가한 일종의 합금강. 탄소 외에도 규소, 망간, 인, 황이 대표적으로 함유되고 있다. 이들 각 성분 중에서 **탄소는 강의 강도를 좌우하는 중요한 원소**가 된다. 탄소의 함유량에 따라서 탄소강의 성질은 크게 바뀐다.
[탄소함유량에 따른 탄소강의 성질]
• C함량 증가: 항복점, 항자력, 비열, 전기저항, 강도, 경도 증가
• C함량 감소: 비중, 열팽창계수, 열전도율, 용융점, 충격치, 연성, 인성 감소

44 다음 중 탄소강에 함유된 5대 원소들의 특징으로 옳지 않은 것은?

① 탄소강에 인을 첨가하면 결정립이 조대화되고 연신율과 충격값을 감소시킨다.
② 탄소강에 망간을 첨가하면 연신율 감소를 억제시킨다.
③ 탄소강에 규소를 첨가하면 결정립을 미세화시킨다.
④ 탄소강에 황을 첨가하면 절삭성을 좋게 하나 유동성을 저해시킨다.

• 정답 풀이 •

탄소강 중에 함유된 대표적인 5원소는 C, Si, Mn, P, S이다.
[탄소 이외의 Si, Mn, P, S의 탄소강에 미치는 영향]
• 규소(Si)
  – 탄성한계, 경도, 강도를 증가시키며 단접성 및 냉간가공성을 해치고, 연신율, 충격치를 감소시킨다.
  – **결정립을 조대화**시킨다.
  – 스프링강에 반드시 첨가해야 하는 원소이다.
  – 오스테나이트 공정평형온도를 증가시키며 탄소와 더불어 주철 성질을 조절하는 데 가장 큰 영향을 끼친다.
• 망간(Mn)
  – 흑연화와 적열취성을 방지한다.
    → MnS는 적열취성의 원인이 되는 FeS의 발생을 억제하여 고온가공을 용이하게 한다.
  – 인장강도와 고온가공성을 증가시킨다.
  – 주조성과 담금질 효과를 향상시킨다.
  – **고온에서 결정립성장을 억제**한다. → 연신율 감소를 억제시킨다.
• 인(P)
  – 강도와 경도를 증가시키지만 상온취성의 원인이 된다.
  – 제강 시 편석을 일으키며 담금균열의 원인이 된다.
  – **결정립이 조대화**되며 연신율 및 충격값이 감소된다.
  – 강이 여려지게 되고 가공의 경우 균열이 생기기 쉽다.
• 황(S)
  – 절삭성을 좋게 하나 유동성을 저해시킨다.
  – 적열상태에서는 메짐성이 커져 압연이나 단조가 불가능해진다. → **적열취성을 발생**시킨다.

45 다음 탄성과 소성 영역의 경계를 나누는 기준점은?

① 항복점   ② 비례한도   ③ 탄성한도   ④ 사용응력

• 정답 풀이 •

항복점(Yielding point) : 힘을 받는 물체가 더 이상 탄성을 유지하지 못하고 영구적 변형이 시작될 때의 변형력, 즉 탄성한계(elastic limit)라고도 한다. 물체가 외부의 힘을 받으면 변형이 일어난다. 이때 약한 힘에 대해서 물체는 탄성을 유지하며, 힘을 제거하면 원상태로 회복된다. 그러나 어느 한계를 넘어서면 물체는 소성변형을 일으켜 힘을 제거해도 원래 상태로 되돌아오지 못하게 된다. 이렇게 **탄성과 소성의 경계**를 이루는 점을 항복점이라 한다.

정답 44. ③   45. ①

46 다음 보기의 슈테판-볼츠만 법칙에 대한 설명에서 (　) 안에 들어갈 말은 무엇인가?

> 슈테판-볼츠만의 법칙에 따르면 복사체에서 발산되는 복사에너지 $E_b[\mathrm{kJ/m^2 \cdot hr}]$는 복사체(　)의 4제곱에 비례한다.

① 흡수열　　　② 방사열　　　③ 절대온도　　　④ 투과율

- 정답 풀이 •

[복사(radiation)]
- 열이 고온물체로부터 전자파가 되어 공간을 지나 저온물체에 도달한 후 열이 되는 현상을 복사라고 한다. 즉, 어떤 물체를 구성하는 원자들이 전자기파의 형태로 열을 방출하는 현상이다. 복사를 통해 전달되는 복사열은 대류나 전도를 통해 전달되지 않고 물체에서 전자기파의 형태로 직접적인 전달이 이루어지므로 복사체와 흡수체 사이의 공기 등 매질의 상태와 관련 없이 순간적이고 직접적인 전달이 이루어진다.
- 복사를 모두 흡수하는 이상적인 면을 흑체면이라 한다. 물체가 단위 면적, 단위시간에 방출되는 복사열량을 복사도라고 하며, 복사도의 크기는 물체의 온도와 표면의 상태에 따라 결정된다.
- 온도 $T[K]$가 일정할 때, 흑체면의 복사도가 가장 크고, 그 복사에너지 $E_b[\mathrm{kJ/m^2 \cdot hr}]$는 슈테판-볼츠만의 법칙에 따른다.

[슈테판-볼츠만의 법칙(Stefan-Boltz-mann's law)]
흑체가 방출하는 열복사에너지는 절대온도의 4제곱에 비례한다는 법칙

$$E_b = \sigma T^4 \risingdotseq T^4$$

- σ [슈테판-볼츠만상수, $\mathrm{kJ/m^2 \cdot K^4}$] $\risingdotseq 5.67 \times 10^{-8} \mathrm{Js^{-1}m^{-2}K^{-4}}$
- T: 흑체표면의 절대온도(K)

47 다음 보기에서 설명하는 현상에 해당되는 법칙은?

> 호스로 물을 뿌리고 있는 상태에서 호스 끝을 엄지손가락으로 눌러 끝단의 면적을 줄이면 물은 더 빠르고 멀리 분출된다.

① 뉴턴의 점성법칙　　② 베르누이 방정식　　③ 오일러 방정식　　④ 연속방정식

- 정답 풀이 •

연속방정식(18년도 하반기 2차 한국가스공사에 개념을 묻는 문제가 출제되었다.)
흐르는 유체에 질량보존의 법칙을 적용한 것
① 질량유량: $Q = \rho A V$ (압축성 유체일 때)　　② 체적유량: $Q = A V$ (비압축성 유체일 때)
이런 문제는 우리가 익히 공부했던 이론들이 실제상황에 어떻게 적용할 수 있는지를 파악하는 문제이다. 호스로 물을 뿌리는 상태에 있으면 뿌리는 상태의 조절이 따로 언급되지 않기 때문에 유량(Q)은 일정하다. 또한 물은 비압축성이기 때문에 체적유량 공식인 $Q = A V$가 적용된다. 호스 끝을 엄지손가락으로 눌러 끝단의 면적을 줄이게 되면, 유량(Q)이 일정한 상태에서 면적(A)이 줄어들기 때문에 **연속방정식**에 의해 물은 더 빠르고 멀리 분출하게 된다.

48 다음 중 밀도에 대한 설명으로 옳지 <u>않은</u> 것은?

① 밀도는 질량을 체적으로 나눈 것이다.　　② 액체의 밀도는 기체의 밀도보다 크다.

③ 일정한 온도에서 압력은 밀도에 반비례한다.　④ 일정한 압력에서 온도는 밀도에 반비례한다.

• 정답 풀이 •

답 ③

[밀도(ρ, 비질량]

$$\rho = \frac{m(질량)}{V(체적)} = kg/m^3 으로 \ 표현되며, \ 물의 \ 밀도는 \ \rho_{H_2O} = 1,000 kg/m^3 이다.$$

[밀도의 단위표현] $\rho \ = \ 1 kg/m^3 \ = \ \frac{1}{9.8} kgf \cdot s^2/m^4 \ = \ 1 N \cdot s^2/m^4$

　　　　　　　　　　　(절대단위)　　　　　(중력단위)　　　　　(SI 단위)

✓ 일정한 온도에서 압력은 밀도에 비례한다.

$PV = mRT$에서 일정한 온도이므로 $PV = Constant$가 성립한다. 부피는 $V = \frac{m}{\rho}$이므로

$PV = Constant$에 대입하면, $P\left(\frac{m}{\rho}\right) = Constant \ \rightarrow \ Pm = \rho(Constant)$가 되므로 압력과 밀도

는 등온에서 비례함을 알 수 있다.

■ 일정한 압력에서 온도는 밀도에 반비례한다.

$PV = mRT$에서 일정한 압력이므로 $\frac{V}{T} = Constant$가 성립한다. 부피는 $V = \frac{m}{\rho}$이므로

$\frac{V}{T} = constant$에 대입하면, $\frac{\frac{m}{\rho}}{T} = \frac{m}{\rho T} = Constant \ \rightarrow \ \rho T(Constant) = m$이 된다. 즉,

온도는 밀도에 반비례함을 알 수 있다.

49 다음 중 종량성 상태량의 종류로 옳지 못한 것은?

① 내부에너지　　　② 엔트로피　　　③ 비체적　　　④ 체적

• 정답 풀이 •

[상태량의 종류]
• 강도성 상태량: 물질의 질량에 관계없이 그 크기가 결정되는 상태량으로 압력, 온도, 비체적, 밀도 등
  이 있다(압온비밀).
• 종량성 상태량: 물질의 질량에 따라 그 크기가 결정되는 상태량. 즉 그 물질의 질량에 정비례 관계
  가 있다. 체적, 내부에너지, 엔탈피, 엔트로피 등이 있다.

정답 48. ③　49. ③

50 다음 그림과 같은 응력 변형률 선도의 기울기 중 구조물 재료에 가장 적합한 것은?

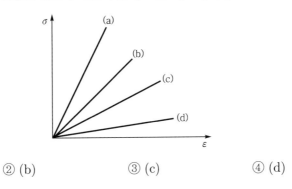

① (a) ② (b) ③ (c) ④ (d)

· 정답 풀이 ·

[탄성계수]
- 비례한도 내에서는 응력과 변형률은 비례하고 그 때의 비례정수가 탄성계수이다.
- 탄성물질이 응력을 받았을 때 일어나는 변형률의 정도
  문제에 주어진 그래프는 [응력–변형률] 선도를 나타내며 그래프의 기울기는 탄성계수를 나타낸다. 탄성계수가 클수록 재료가 단단하므로 기울기가 제일 큰 (a)의 재료가 가장 단단하며 이는 구조물 재료로서 가장 적합하다.

51 누셀수는 대류열전달과 전도열전달의 비를 나타내는 무차원수이다. 그렇다면 누셀수는 어떤 무차원수의 곱으로 표현될 수 있는가?

① 레이놀즈수 × 프란틀수   ② 레이놀즈수 × 비오트수
③ 그라쇼프수 × 비오트수   ④ 비오트수 × 프란틀수

· 정답 풀이 ·

[누셀수(Nu, Nusselt number)]
물체 표면에서 대류와 전도 열전달의 비율로 다음과 같이 나타낼 수 있다.
- $N = \dfrac{대류열전달}{전도열전달} = \dfrac{hL}{k}$ [여기서, h: 대류열전달계수, L: 길이, k: 전도열전달계수]
- 누셀수는 **스탠턴수×레이놀즈수×프란틀수**로 나타낼 수 있으며, 스탠턴수가 생략되어도 **레이놀즈수×프란틀수**만으로 누셀수를 표현하여 해석하는 데 큰 무리가 없다.
- 누셀수는 유체와 고체 표면 사이에서 열을 주고받은 비율을 나타낸다.
- 누셀수가 크다는 것은 열전도속도에 미치는 유체의 분자운동의 영향이 작다는 것을 의미한다.

52 다음 그림과 같이 외팔보에 수직하중이 작용하고 있다. 임의의 위치에서 보를 수직으로 잘랐을 때, 잘라진 단면에서 발생하는 것은?

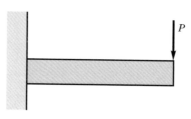

① 전단력, 굽힘모멘트
② 처짐각, 처짐량
③ 전단력, 처짐각
④ 비틀림모멘트, 굽힘모멘트

• 정답 풀이 •

[정정보]

다음 그림처럼 보를 임의의 위치에서 자르게 되면, 잘린 단면에서 아래 방향으로 전단력(V)이, 그리고 반시계 방향으로 작용하는 굽힘모멘트(M)이 작용하게 된다.

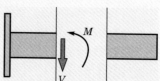

• 정정보는 평형방정식만으로 모든 미지수가 해결되며, **반력수가 3개인 보**를 말한다. 벽으로부터 보의 끝단까지의 거리를 l이라 가정하고 자유단에 하중(P)이 작용하게 되면, 고정단에서 최대 굽힘모멘트 $M_{\max} = Pl$이 작용한다.

• 굽힘모멘트는 B.M.D 선도의 기울기로 표현되는데, 이 굽힘모멘트를 미분$\left(\dfrac{dM}{dx}\right)$하게 되면 S.F.D선도가 된다. 이는 **전단력**을 나타내어 전단력선도라고도 한다$\left(F = \dfrac{dM}{dx}\right)$.

53 정육면체의 각 면에 x, y, z축에 대하여 각각 P_x, P_y, P_z의 인장하중을 받을 때, 체적변형률(ε_v)은 종변형률(ε)의 몇 배인가? [단, $P_x = P_y = P_z$이다.]

① $\dfrac{1}{3}$배
② $\dfrac{1}{2}$배
③ 2배
④ 3배

• 정답 풀이 •

체적변형률(ε_v) $= \dfrac{\triangle V(\text{체적의 변화량})}{V(\text{체적})} = \varepsilon_x + \varepsilon_y + \varepsilon_z = \dfrac{\sigma_x + \sigma_y + \sigma_z}{E}(1 - 2\mu)$ [μ = 푸아송의비]

종변형률(ε) $= \dfrac{\lambda}{l} = \dfrac{\sigma}{E} = \dfrac{P}{AE}$

문제에서 주어진 물체는 정육면체이므로 각 축에 대한 면적(A)은 같으며 하중 $P_x = P_y = P_z$이므로,

$\varepsilon_x = \varepsilon_y = \varepsilon_z \left(\dfrac{P_x}{A_x E} = \dfrac{P_y}{A_y E} = \dfrac{P_z}{A_z E} \right)$이다.

즉, 체적변형률 $\varepsilon_v = \varepsilon_x + \varepsilon_y + \varepsilon_z = 3\varepsilon$이며 체적변형률은 종변형률의 3배임을 알 수 있다.

정답 52. ① 53. ④

54 다음은 폴리트로픽 변화를 T–S 선도로 나타낸 것이다. 폴리트로픽 지수를 n이라고 할 때, $1 \rightarrow 2$로의 변화를 보이려면 폴리트로픽 지수(n)은? [단, k: 비열비]

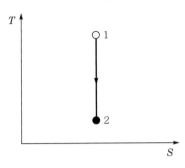

① $n = 0$ ② $n = 1$ ③ $n = \infty$ ④ $n = k$

• 정답 풀이 •

[폴리트로픽 변화]

실제로 가스가 변화하는 경우는 정적변화, 정압변화, 등온변화, 단열변화 각 변화만으로는 설명하기 곤란한 부분이 많기 때문에 고려되는 변화이며, 폴리트로픽 변화는 위의 4가지 변화를 모두 포함하는 변화이다. $PV^n = C$로 나타내며, 폴리트로픽 비열(C_n)은 $\dfrac{n-k}{n-1}C_v$로 나타낼 수 있다. n은 폴리트로픽 지수를 말하며 폴리트로픽 지수의 값에 따라 각 변화를 표현할 수 있다.

① $n = 0$일 때 $P = C$가 되므로 정압변화

② $n = 1$일 때 $PV = mRT = C$이며, m과 R은 고정 값이므로 $T = C$가 되므로 등온변화

③ $n = \infty$일 때 $C_n = \dfrac{n-k}{n-1}C_v = C_v$ (n이 무한대이기 때문에 약분하면 1이다.)이므로, 정적변화

④ $n = k$일 때 $PV^k = C$가 되므로 단열변화

그래프에서 엔트로피가 일정한 변화를 가지고 있다. 이는 단열변화를 나타내며 단열변화는 $PV^k = C$이다.

55 아래 그림처럼 물체 A와 물체 B 사이에 물체 C가 있을 때, 물체 A와 물체 B 사이의 열전달량을 줄일 수 있는 방법으로 옳지 <u>못한</u> 것은? [단, $T_A > T_B$] (2019 한국서부발전 기출)

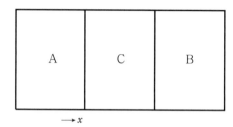

① 물체 A에 닿는 물체 C의 면적은 줄이고 물체 B에 닿는 물체 C의 면적은 늘린다.
② 물체 C의 길이 x를 늘린다.
③ 물체 C의 열전달계수를 작게 한다.
④ 물체 A와 물체 B의 온도 차이를 줄인다.

· 정답 풀이 ·

조건 변경이 없을 때, 기존 100이라는 열이 C 도달 시에 50, 그 50이 B 도달 시에 30으로 전달됐다고 가정해본다. 이때, A–C 면적을 줄이면 100이라는 열이 C 도달 시에 40이라고 가정해본다. 닿는 면적이 줄었기 때문에 전달되는 열이 감소된 것이다. 이때, 다시 B–C 면적을 늘리면 40이라는 열이 B 도달 시에 30으로 전달될지, 30보다 클지 판단할 수 없으므로 ①의 경우 열전달량이 동일할 수도, 더 커질 수도 있는 등 확정짓기 어렵다.

56 가역이상사이클로서 열기관에서 효율이 최대를 나타내는 카르노사이클에서 180kJ의 열을 공급하여 126kJ을 방열하였다면, 이 카르노사이클의 열효율은?

① 10% ② 30% ③ 50% ④ 70%

· 정답 풀이 ·

[카르노사이클]
2개의 등온변화, 2개의 단열변화로 구성되며, 가역이상사이클로서 열기관에서 효율이 최대를 나타내는 사이클이다. 열효율$(\eta_c) = \dfrac{\text{유효열량}}{\text{공급열량}}$, 즉 $\dfrac{\text{출력}}{\text{입력}}$으로 표현된다. 여기서 입력은 180kJ이며, 126kJ이 방열되었으므로 실제 열기관에서 쓰인 출력은 $180 - 126 = 54\text{kJ}$이다.

즉, 효율$= \dfrac{\text{출력}}{\text{입력}} = \dfrac{54}{180} \times 100 = 30\%$이며, 이를 식으로 나타내면,

$\eta_c = \dfrac{Q_1 - Q_2}{Q_1} = 1 - \dfrac{Q_2}{Q_1} = 1 - \dfrac{126}{180} = 0.3[\times 100\%]$이다.

정답 55. ① 56. ②

57 평면응력 상태에서 x축 방향의 응력(σ_x)이 $10\mathrm{kPa}$이고, y축 방향의 응력(σ_y)이 $2\mathrm{kPa}$일 때, 전단응력(τ_{xy}) $3\mathrm{kPa}$이 작용하였다. 이 재료의 최대주응력($\sigma_{n\cdot\max}$)은 [단, 경사각 $\theta = 0°$]

① 7   ② 9   ③ 11   ④ 13

• 정답 풀이 •

[모어원]

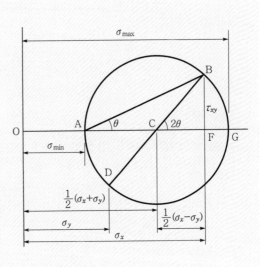

우선, 원의 반경($\overline{CB}$)은

$$\overline{CB}^2 = \overline{CF}^2 + \overline{BF}^2$$

$$= \frac{1}{4}\left[\left((\sigma_x - \sigma_y)^2 + 4\tau_{xy}^2\right)\right]$$

$$= \left[\frac{1}{2}(\sigma_x - \sigma_y)\right]^2 + \tau_{xy}^2$$

$$\therefore \ \overline{CB} = \frac{1}{2}\sqrt{(\sigma_x - \sigma_y)^2 + 4\tau_{xy}^2}$$

$$\sigma_{\max} = \overline{OG} = \overline{OC} + \overline{CG} \ (\text{원의 반경} = \overline{CB})$$

$$= \frac{1}{2}(\sigma_x + \sigma_y) + \frac{1}{2}\sqrt{(\sigma_x - \sigma_y)^2 + 4\tau_{xy}^2}$$

$$= \frac{1}{2}(10 + 2) + \frac{1}{2}\sqrt{(10 - 2)^2 + 4 \cdot 3^2}$$

$$= 11$$

58 다음 중 브레이튼 사이클에 대한 설명으로 옳지 않은 것은?

① 가스터빈의 이상사이클이다.
② 2개의 정압과 2개의 등온과정을 가진다.
③ 정압하에서 연소되는 사이클로 정압연소사이클이라고 불린다.
④ 열효율은 압력비만의 함수로, 압력비가 증가할수록 열효율은 증가한다.

• 정답 풀이 •

브레이튼 사이클: 가스터빈의 이상 사이클이며 정압 연소사이클 또는 줄 사이클, 공기 냉동기의 역 사이클이라고도 한다. 이는 2개의 정압과정과 2개의 단열과정으로 구성된다.

- 압력비(γ) $= \dfrac{\text{최대압력}}{\text{최소압력}}$ • 열효율(η_B) $= 1 - \left(\dfrac{1}{\gamma}\right)^{\frac{k-1}{k}}$

즉, 열효율은 압력비만의 함수이며, 압력비가 클수록 열효율은 증가한다.

<u>참고</u>

가스터빈의 3대 구성 요소는 압축기, 연소기, 터빈이며 터빈에서 생산되는 일의 40~80%를 압축기에서 소모한다.

59 다음과 같이 자유흐름속도로 흐르던 유체가 A지점에서 층류흐름으로 10cm의 경계층을 형성하였다면, 같은 흐름 상태에서 B지점에 도달하였을 때의 경계층의 두께는? [단, 이 유체의 흐름에 다른 외력은 없으며 마찰에 의한 손실은 고려하지 않는다.]

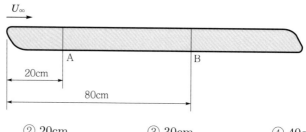

① 10cm   ② 20cm   ③ 30cm   ④ 40cm

· 정답 풀이 ·

유체의 경계층: 유체가 유동할 때 점성의 영향으로 생긴 얇은 층

- **교란두께(δ)**: 정상상태인 자유흐름 속도(U_∞)가 작용할 때 경계층이 생기는 지점은 평판선단으로부터 자유흐름속도의 99%가 되는 점이며 이 점에서의 두께를 해석한 방법

  (1) 층류: $\dfrac{\delta}{x} = \dfrac{4.65}{Re_x^{\frac{1}{2}}}$ (2) 난류: $\dfrac{\delta}{x} = \dfrac{0.376}{Re_x^{\frac{1}{5}}}$

- **배제두께(δ^*)**: 관성력이 큰 이상유체영역의 유선이 경계층을 형성하여 점성력이 큰 점성유체에 의하여 바깥쪽으로 밀려나가는 평균거리, 즉 주 흐름에서 배제된 거리

  $$\delta^* = \int_0^\delta (1 - \frac{u}{u_\infty}) dy$$

- **운동량두께(δ_m)**: 단위시간에 유체가 얇은 운동량을 대상으로 잡아 표시한 평균적인 경계층 두께

  $$\delta_m = \int_0^\delta \frac{u}{u_\infty}(1 - \frac{u}{u_\infty}) dy$$

교란두께 해석법에 의해 층류상태의 경계층 두께는 $\dfrac{\delta}{x} = \dfrac{4.65}{Re_x^{\frac{1}{2}}}$ 로 나타낼 수 있다.

이를 정리하면, $\delta = \dfrac{4.65x}{Re_x^{\frac{1}{2}}} = \dfrac{4.65x}{\left(\dfrac{u_\infty x}{\nu}\right)^{\frac{1}{2}}} \propto \dfrac{x}{x^{\frac{1}{2}}} = x^{\frac{1}{2}}$ 이다.

x가 20cm에서 80cm로 증가했다면 4배가 증가한 것이며, 경계층의 두께(δ)는 $x^{\frac{1}{2}}$와 비례관계에 있기 때문에 2배가 증가한다고 볼 수 있다. 20cm에서 경계층의 두께는 10cm이므로, 80cm에서는 2배가 증가한 20cm이다.

✓ 실제 시험에 출제되었을 때, 많은 사람들이 x가 4배로 증가했으므로 경계층의 두께도 4배라고 풀어 오답이 된 경우가 많았다. 경계층의 두께 공식에 레이놀즈수를 조심해야 한다.

정답 59. ②

60 다음 중 구조가 복잡하고 고가이며, 유압펌프 중에 신뢰성과 수명이 가장 우수한 펌프는?

① 베인펌프

② 피스톤펌프

③ 나사펌프

④ 기어펌프

• 정답 풀이 •

용적형 유압펌프: 토출량이 일정하며, 중압 또는 고압에서 압력 발생을 주된 목적으로 하는 펌프

[펌프의 종류]
- **기어펌프(치차펌프)**: 한쌍의 스퍼기어가 밀폐된 용적을 갖는 밀실에서 회전할 때 기어의 물림에 의한 운동하며 기어의 계속적인 회전에 의해서 토출구를 통해 유체를 토출하는 원리
  - 구조가 간단하고 가격이 싸며 **내접형과 외접형**이 있다.
  - 흡입구 측이 약간의 **진공상태로 되어 있어 흡입능력이 크다.** 점도가 높은 액체를 송출하는 데 사용
  - 역회전은 불가능하며 토출량을 변화시킬 수 없다.
  - 토출량의 맥동이 적으므로 **소음과 진동이 작다.**
  - **누설량이 많으며 효율이 낮은 편**이다.
- **베인펌프(편심펌프)**: 원통형 케이싱 안에 편심회전차가 있고 그 홈 속에 판상의 깃이 들어 있으며 베인이 캠링에 내접하여 회전함에 따라 기름의 흡입 쪽에서 송출구 쪽으로 이동된다.
  - 토출압력의 맥동이 적으므로 **소음도 작다.**
  - 단위 무게당 용량이 커서 형상치수가 작다. 형상이 소형이다.
  - 베인의 마모로 인한 압력저하가 작아 수명이 길다.
  - 작동유 점도에 제한이 존재한다.
  - **호환성이 좋고 보수가 용이하다. 경제적이지만 압력저하량과 기동토크가 작다.**
- **나사펌프**: 토출량의 범위가 넓어 윤활유 펌프나 각종 액체의 이송펌프로 사용된다.
  - 대용량펌프로 적합하다.
  - 소음이나 진동이 작아 고속운전을 해도 정숙하다.
  - 토출압력이 가장 작다.
- **피스톤펌프(플런저펌프)**: 피스톤의 왕복운동을 활용하여 작용유에 압력을 주는 것으로 초고압에 적합하다.
  - **대용량이며 송출압이 210kg/cm^2 이상의 초고압펌프로 토출압력이 최대이다.** 펌프 중에 전체 효율이 가장 좋고 신뢰성과 수명이 유압펌프 중에 가장 우수하다.
  - 구조가 복잡하고 고가이며, 작동유의 오염관리에 주의해야 한다.
  - 소음이 크고 가변용량이 가능하며 수명이 길다.
  - 누설이 적아 체적효율이 좋은 편이다.

61 다음 중 표준대기압 상태에서 포화수의 비엔탈피(h')가 100kJ/kg, 건포화증기의 비엔탈피(h'')가 600kJ/kg이다. 이때의 건도가 0.4라면, 습증기의 비엔탈피는 몇 kJ/kg인가?

① 300 　　　　　② 350 　　　　　③ 400 　　　　　④ 450

• 정답 풀이 •

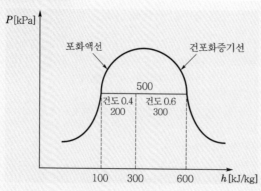

위 선도와 같이 포화수와 건포화증기의 비엔탈피 차는 500kJ/kg이다. 건도가 0.4이기 때문에 포화수와 습증기의 비엔탈피 차는 200kJ/kg이 된다. 포화수의 비엔탈피가 100kJ/kg이므로, 습증기의 비엔탈피는 300kJ/kg이다.

참고　건도 + 습기도 = 1

62 베어링 압력이 3MPa이고 저널의 지름이 10cm, 저널의 길이가 20cm라면 베어링에 작용하는 하중 P는 얼마인가?

① 60N 　　　　　　　　　② 150N
③ 60kN 　　　　　　　　　④ 150kN

• 정답 풀이 •

베어링 압력 $p = \dfrac{\text{하중}}{\text{투영한 면적}} = \dfrac{P}{dl}$

$p = \dfrac{P}{dl}$

$P = pdl = 3\text{MPa} \times 0.1\text{m} \times 0.2\text{m} = 3{,}000{,}000\text{N/m}^2 \times 0.1\text{m} \times 0.2\text{m}$
$\quad = 60{,}000\text{N} = 60\text{kN}$

정답　**61.** ①　**62.** ③

63 다음 그림과 같이 도심이 C인 평면체가 $\dfrac{2}{3}$cm 깊이에 잠겨있다. 이 때 평면체에 유체의 전압력 F 가 작용한다면 이 전압력이 작용하는 작용점은 도심으로부터 얼마나 떨어져 있는가?

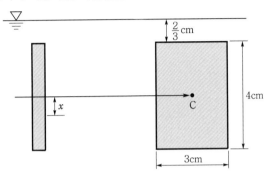

① 0.1cm   ② 0.3cm   ③ 0.5cm   ④ 1.0cm

· 정답 풀이 ·

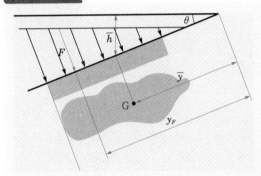

경사면에 작용하는 유체의 전압력$(F) = \gamma \bar{h} A$이며, 여기서 $\bar{h}$는 평면체의 도심까지 거리이며 $\bar{h} = \bar{y} \sin\theta$이다. 만약 평면체가 90°로 잠겨 있다면 $\sin 90 = 1$ 이므로, $\bar{h} = \bar{y}$ 이다. 이 전압력은 압력프리즘의 도심점에 작용한다. 압력프리즘의 도심점인 작용점의 위치는 $y_F = \bar{y} + \dfrac{I_G}{A\bar{y}}$이다.

여기서, $\bar{y} = \bar{h} = \dfrac{2}{3} + 2 = \dfrac{8}{3}$cm(수면에서 평면체의 중심 C까지 거리)

$$I_G = \frac{bh^3}{12} = \frac{3 \times 4^3}{12} = 16\text{cm}^4 (\text{직사각형의 단면2차모멘트 } I = \frac{bh^3}{12})$$

$$A = 3 \times 4 = 12\text{cm}^2$$

이를 대입하면, $y_F = \bar{y} + \dfrac{I_G}{A\bar{y}} = \dfrac{8}{3} + \dfrac{16}{12 \times \dfrac{8}{3}} = \dfrac{8}{3} + \dfrac{1}{2} = \dfrac{19}{6}$cm 이다.

작용점의 위치(y_F)는 수면에서 압력프리즘의 도심점까지의 거리를 나타낸 것이다.

$$\therefore x = y_F - \bar{h}(\text{수면에서 평면체의 중심까지 거리}) = \frac{19}{6} - \frac{8}{3} = 0.5\text{cm}$$

정답 63. ③

64 다음 수평 원관에서의 층류유동에 대한 설명으로 옳지 <u>않은</u> 것은?

① 속도의 분포는 관 벽에서 0이며, 관 중심에서 최대로, 포물선 형태를 띤다.
② 전단응력의 분포는 관 벽에서 최대이며, 관 중심에서 0으로 선형적인 변화를 띤다.
③ 수평 원관에서의 최대유속은 평균유속의 1.5배이다.
④ 수평 원관에서의 전단응력은 관의 길이에 반비례하며, 직경에 비례한다.

• 정답 풀이 •

[수평 원관에서의 층류유동]
- **속도의 분포**: 관 벽에서 0이며, 관 중심에서 최대 → 관 벽에서 관 중심으로 포물선 변화 … ①
- **전단응력의 분포**: 관 중심에서 0이며, 관 벽에서 최대이다. → 관 중심에서 관 벽으로 직선적(선형적)인 변화 … ②
- **평균속도(v)와 최대속도($v_{\max}$)**: 원관($v_{\max} = 2v$), 평판($v_{\max} = 1.5v$) … ③
- **수평 원관에서의 전단응력** $\tau_{\max} = \dfrac{\triangle P d}{4l}$ … ④
- **유량**(Q) $= \dfrac{\triangle P \pi d^4}{128 \mu l}$ [하겐–푸아죄유 방정식] … 층류일 때만 가능

$$y_F = \overline{y} + \frac{I_G}{A\overline{y}} = \frac{8}{3} + \frac{16}{12 \times \frac{8}{3}} = \frac{8}{3} + \frac{1}{2} = \frac{19}{6} \text{cm 이다.}$$

65 다음 그림처럼 열이 단면적이 100m^2인 벽을 통해 1점에서 2점으로 이동한다. 그리고 1점에서 2점까지 이동하는 데 걸린 시간이 5초라면 열플럭스는 얼마인가? [단, 1점에서 2점까지 이동한 열량은 200J이다]

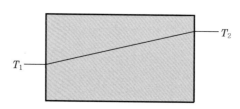

① 0.1W/m^2　　　② 0.2W/m^2　　　③ 0.3W/m^2　　　④ 0.4W/m^2

• 정답 풀이 •

열플럭스: 단위시간당 단위면적을 통해 이동한 열에너지의 양을 열플럭스라고 한다. 다른 말로는 열플럭스 밀도이다. SI단위로는 $\text{J/m}^2 \cdot \text{s}$, W/m^2이다. 열플럭스는 단위시간당 단위면적을 통해 이동한 열에너지의 양이므로 다음과 같이 수식을 작성할 수 있다.

$$\rightarrow \frac{Q}{At} = \frac{200\text{J}}{100\text{m}^2 \times 5\text{s}} = 0.4\text{J/m}^2 \cdot \text{s}$$

정답 64. ③ 65. ④

66 질량이 5kg, 반경이 3m인 원판이 다음 그림처럼 오른쪽으로 각속도 12rad/s으로 굴러가고 있다. 이때, A점에서의 속도를 V_A, B점에서의 속도를 V_B라고 할 때, $\dfrac{V_A}{V_B}$는 얼마인가?

[단, 원판은 미끄럼 없이 구름운동을 한다.]

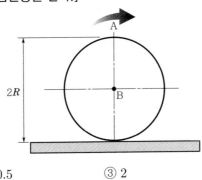

① 1   ② 0.5   ③ 2   ④ 4

• 정답 풀이 •

선속도의 개념을 묻는 문제이다. 선속도 $V = rw$이므로 A점과 B점에서 각각의 선속도를 구하면 된다.

$$V_A = rw = 6 \times 12 = 72\text{m/s} \qquad V_B = rw = 3 \times 12 = 36\text{m/s}$$

$$\therefore \ \frac{V_A}{V_B} = \frac{72}{36} = 2$$

67 공기압 실린더의 출력을 증가시키는 방법으로 옳은 것은?

① 실린더의 지름을 증가시킨다.
② 실린더의 지름을 감소시킨다.
③ 실린더의 사용 압력을 줄인다.
④ 실린더의 출력은 정해진 값으로 변화시킬 수 없다.

• 정답 풀이 •

공기압 실린더의 출력은 실린더 튜브의 안지름과 로드의 지름, 압축공기의 압력에 따라 결정된다.

실린더의 출력 $F = PA$ [단, P: 사용압력, A : 단면적$\left(\dfrac{\pi d^2}{4}\right)$]

따라서, 실린더의 출력을 높이려면 실린더의 직경을 증가시켜 단면적을 증가시키거나, 사용압력을 높이면 된다.

정답 66. ③   67. ①

68 펌프와 관련된 설명으로 옳지 않은 것은?

① 실양정은 배관의 마찰손실, 곡관부, 와류, 증기압 등을 고려하지 않은 양정이다.
② 흡입양정은 흡입 측 액면으로부터 펌프 중간까지의 높이이다.
③ 토출양정은 펌프 송출구에서부터 높은 곳에 위치한 수조의 수면까지 이르는 높이이다.
④ 전양정은 펌프를 중심으로 가능한 한 가까운 위치에 흡입관 측에 진공계기, 송출관 측에 압력계기를 부착하여 각 계기의 결과값으로 결정된 양정값이다.

• 정답 풀이 •

펌프란 낮은 곳에 있는 액체를 높은 곳으로 이송하기 위한 기계장치이다.
- **양정(head)**: 펌프가 유체를 운송할 수 있는 높이를 말한다. 양정은 액체의 종류와 온도에 따라 달라지는데, 보통 액체의 밀도가 낮을수록, 온도가 높을수록 양정은 높다.
- **흡입양정**: 흡입 측 액면으로부터 펌프 중간까지의 높이이다.
- **토출양정**: 펌프 송출구에서부터 높은 곳에 위치한 수조의 수면까지 이르는 높이이다.
- **실양정**: 흡입수면과 토출수면 사이의 수직거리를 말하며 흡입실양정 + 토출실양정으로 표현된다. 펌프를 중심으로 하여 흡입 측 액면으로부터 송출 액면까지의 수직 높이를 흡입 실양정, 중심선으로부터 송출 액면까지의 높이를 송출 실양정이라고 한다.
- **계기양정**: 펌프를 중심으로 가능한 한 가까운 위치에 흡입관 측에 진공계기, 송출관 측에 압력계기를 부착하여 각 계기의 결과 값으로 결정된 양정 값이다.
- **전양정**: 실양정과 총손실수두를 합친 양정을 말한다. 흡입실양정+토출실양정+총손실수두
- ※ 실양정은 배관의 마찰손실, 곡관부, 와류, 증기압 등을 고려하지 않은 개념으로 실제로 펌프를 설계할 때는 양정이 더 큰 펌프를 선정해야 한다. 그 이유는 실제 양정은 여러 요인에 방해를 받기 때문이다.

69 이상기체의 가역과정에서 등온과정의 전열량(Q)은?

① 무한대이다.
② 0이다.
③ 비유동과정의 일과 같다.
④ 엔트로피 변화와 같다.

• 정답 풀이 •

이상기체의 가역과정에서 등온과정은 $W_{12} = W_t = Q_{12}$(절대일 = 공업일 = 열량이 동일)
- 절대일 = 밀폐계일 = 비유동일 = 팽창일 = 가역일
- 공업일 = 개방계일 = 유동일 = 압축일 = 소비일 = 가역일

70 다음 그림처럼 볼트 아래에 하중 P가 작용한다. 이때 볼트 내부에 주로 발생하는 응력은?

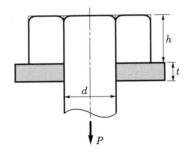

① 좌굴응력   ② 압축응력

③ 전단응력   ④ 굽힘응력

· 정답 풀이 ·

전단응력은 $\tau = \dfrac{P}{A} = \dfrac{P}{\pi dh}$ 로 구할 수 있다.

h

πd(원의 둘레)

Truth of Machine

실전 모의고사

1회 실전 모의고사

1문제당 2.5점 / 점수 [   ]점

⋯→ 정답 및 해설: p.138

01 다음 그림과 같이 단면적이 A와 $3A$인 U자형 관에 밀도가 ρ인 기름이 담겨 있다. 단면이 $3A$인 한쪽 관에 벽면과 마찰이 없는 물체를 기름 위에 놓았더니 두 관의 액면차가 h_1이 되어 평형을 이루었다. 이 때, 두 관의 액면 차 h_1이 2배가 되려면 물체의 질량은 몇 배가 되어야 하는가? [단, 중력은 기름과 물체에 동일하게 가해진다.]

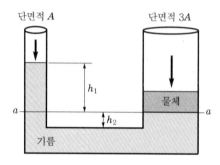

① 0.25배   ② 4배

③ 2배   ④ 0.5배

02 서로 다른 재질로 만든 평관의 양쪽 온도가 보기와 같을 때, 단열계로서 성능이 가장 우수한 것은? [단, 동일한 면적 및 동일한 두께를 통한 열류량이 모두 동일하다.]

① $30 \sim 10℃$ ② $20 \sim 10℃$

③ $40 \sim 10℃$ ④ $10 \sim -10℃$

03 다음 중 열역학과 관련된 설명으로 옳지 않은 것은?

① 건포화증기는 쉽게 응축되려고 하는 증기이다.

② 증기동력시스템에서 이상적인 사이클로 카르노사이클을 택하지 않고 랭킨사이클을 택한 주된 이유는 습증기를 효율적으로 압축하는 터빈의 제작이 어렵기 때문이다.

③ 과열증기는 잘 응축되지 않는 증기이다.

④ 압축액은 쉽게 증발하지 않는 액체이고, 포화액은 쉽게 증발하려고 하는 액체이다.

04 다음 그림과 같이 수조의 밑부분에 구멍을 뚫고 물을 방출시키고 있다. 처음 방출되는 유량을 Q라 할 때 수위가 처음 높이의 $1/2$이 된다면 방출되는 유량은 어떻게 되는가? [단, 모든 손실은 무시한다.]

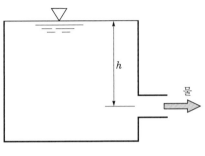

① $\dfrac{1}{\sqrt{2}}Q$

② $\dfrac{1}{2}Q$

③ $4Q$

④ $2Q$

05 공기의 온도 T_1에서의 음속 C_1과 600K 높은 온도 T_2에서의 음속 C_2의 비 $\dfrac{C_2}{C_1}=2$일 때 T_1은 약 얼마인가?

① 50K

② 100K

③ 150K

④ 200K

06 다음 그림과 같은 삼각형 모양의 평판이 수직으로 유체 내에 놓여 있다. 압력에 의한 힘의 작용점은 자유표면에서 얼마나 떨어져 있는가? [단, 삼각형 도심에서의 단면2차모멘트 $=\dfrac{bh^3}{36}$]

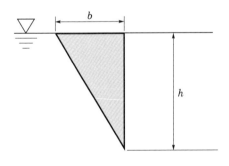

① $\dfrac{h}{3}$

② $\dfrac{h}{4}$

③ $\dfrac{2h}{3}$

④ $\dfrac{h}{2}$

07 다음 그림과 같이 질량이 $2,000\text{g}$인 물체가 스프링상수가 400N/m인 스프링에 붙어있다. 스프링을 40cm 압축된 상태로 잡고 있다가 놓았을 때 물체가 빗면을 올라간 최대 높이[m]는 얼마인가? [단, 마찰은 무시하며 중력가속도 $g = 10\text{m/s}^2$]

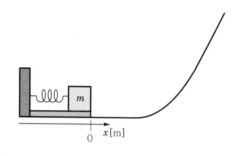

① 0.16m   ② 1.6m   ③ 16m   ④ 160m

08 직경이 D인 원형 축과 슬라이딩 베어링 사이에 점성계수가 μ인 유체가 채워져 있다. 축을 ω의 각속도로 회전시킬 때 필요한 토크는? [단, 원형 축과 슬라이딩 베어링 사이의 간격$= t$, $t \ll D$]

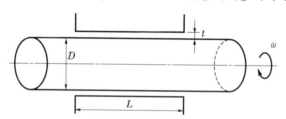

① $T = \mu\dfrac{\omega D}{2t}$

② $T = \dfrac{\pi\mu\omega D^2 L}{2t}$

③ $T = \dfrac{\pi\mu\omega D^3 L}{2t}$

④ $T = \dfrac{\pi\mu\omega D^3 L}{4t}$

09 퍼텐셜 유동에 대한 설명으로 옳지 않은 것은?

① 퍼텐셜 유동에서는 점성저항이 없다.
② 퍼텐셜 유동에서는 같은 유선상에 있지 않은 두 곳에서도 베르누이 방정식이 성립한다.
③ 유동(유선)함수가 존재하는 유동은 퍼텐셜 유동이다.
④ 퍼텐셜 유동은 비회전 유동이다.

10 다음 그림과 같이 온도가 각각 $160°C$, $32°C$인 두 열저장소가 열전도도가 각각 $k_1 = 14\text{W/m} \cdot \text{K}$, $k_2 = 3\text{W/m} \cdot \text{K}$인 두 개의 물질로 연결되어 있다. 전체 시스템이 동적 열평형 상태에 있을 때, 두 연결 물질 사이의 온도 T_m은?

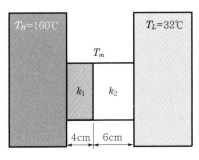

① $12°C$　　　　　② $64°C$　　　　　③ $144°C$　　　　　④ $288°C$

11 다음 보기 중 뉴턴의 점성법칙에 대한 설명으로 옳은 것은 몇 개인가?

– 전단응력은 점성계수와 속도기울기의 곱으로 표현된다.
– 전단응력은 속도기울기에 반비례한다.
– 전단응력은 점성계수에 비례한다.

① 0개　　　　　② 1개　　　　　③ 2개　　　　　④ 3개

12 마찰이 없는 수평면 위에 정지해 있는 물체에 일정한 힘을 가하여 물체의 속력이 4m/s가 되었다. 이때, 물체의 속력이 1m/s에서 2m/s로 변할 때까지 물체에 해준 일을 W_1, 3m/s에서 4m/s로 변할 때까지 물체에 해준 일을 W_2라고 한다. 그렇다면 $W_1 : W_2$는 얼마인가? [단, 물체의 크기는 무시한다.]

① 1:1　　　　　② 2:1　　　　　③ 3:7　　　　　④ 3:10

13 2019년 11월 29일 어느 겨울밤, 얼음 위를 걷던 진리가 얼음 위에 있는 500원 짜리 동전 하나를 주우려다가 그만 넘어지고 말았다. 화가 난 진리는 얼음 위에 놓여있던 500원 짜리 동전을 발로 찼다. 그 후, 동전은 50m를 가서 정지하였고 그 시간이 20초가 걸렸다. 이때, 동전과 얼음 사이의 마찰계수는? [단, 중력가속도 $g = 10\text{m/s}^2$]

① 0.25　　　　　② 0.025　　　　　③ 0.5　　　　　④ 0.05

14 등가속도 직선 운동을 하는 물체의 위치를 시간에 따라 측정해보았다. 그 결과 $t = 1, 2, 3$초인 순간 물체의 위치는 각각 $x = -4, -7, -14$m였다. $t = 0$초였을 때의 물체의 위치는 몇 m인가?

① 5   ② 3   ③ -3   ④ -5

15 다음 그림과 같이 길이가 60cm이고 질량이 10kg인 균일한 막대의 왼쪽 끝으로부터 10cm 떨어진 지점에 질량이 6kg인 구형 물체를 올려놓았다. 이 막대의 양쪽 끝을 두 받침점 A, B로 받쳐서 수평을 이루고 있다. 받침점 A와 B에 가해지는 힘의 크기를 각각 R_A, R_B라고 할 때 $R_A : R_B$는 얼마인가? [단, 중력가속도 $g = 10\text{m/s}^2$]

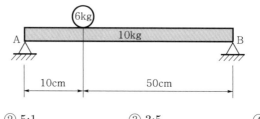

① 1:5   ② 5:1   ③ 3:5   ④ 5:3

16 다음 보기 중 유동 박리에 대한 설명으로 옳은 것은 모두 몇 개인가?

- 급 확대관에서 생기기 쉽다.
- 박리점에서의 전단응력은 0이다.
- 압력이 유동 방향으로 증가할 때 생긴다.
- 박리현상은 손실을 유발한다.

① 1개   ② 2개   ③ 3개   ④ 4개

17 퍼텐셜 흐름에 대한 설명으로 옳지 <u>않은</u> 것은?

① 이상유체의 흐름이다.
② 마찰이 존재하지 않는 흐름이다.
③ 비회전 흐름이다.
④ 고체 벽에 인접한 유체층에서의 흐름이다.

18 단열된 상태라고 가정하고, 폭포에서 떨어지는 물의 중력 퍼텐셜 에너지 감소가 내부 에너지 증가와 같을 때, 물이 100m의 폭포에서 떨어진다면, 낙하한 후에 물의 온도 상승과 가장 가까운 값은 얼마인가? [단, 물의 비열은 $4.2J/g \cdot °C$ 이며, 중력가속도는 $10m/s^2$이다.]

① 0℃   ② 0.012℃   ③ 0.119℃   ④ 0.238℃

19 다음 보기에서 설명하는 것은 어떤 열역학 법칙을 말하는가?

> 열은 고온 열원에서 저온의 물체로 이동할 수 있지만, 이와 반대 현상은 스스로 돌아갈 수 없는 비가역 변화이다.

① 열역학 제0법칙   ② 열역학 제1법칙
③ 열역학 제2법칙   ④ 열역학 제3법칙

20 열전도계수가 $0.5W/m \cdot °C$ 인 벽돌 벽의 안쪽 온도가 20℃, 바깥 온도가 5℃ 일 때, 열손실을 1kW 이하로 유지하기 위한 벽의 최소 두께는 몇 cm인가? [단, 벽돌 벽 가로×세로＝5m × 8m]

① 0.3   ② 0.6   ③ 30   ④ 60

21 다음 중 카르노 사이클(Carnot cycle)에서 일어나는 과정으로 옳은 것은 모두 몇 개인가?

– 등온압축	– 단열팽창	– 정적압축	– 정압팽창

① 1개   ② 2개   ③ 3개   ④ 4개

22 선형탄성 재료로 이루어진 균일단면봉의 양 끝점이 고정되어 있다. 다음 중 이 봉의 온도가 변하여 발생하는 열응력에 대한 설명으로 옳지 않은 것은?

① 열응력은 탄성계수가 클수록 더 커진다.
② 열응력은 열팽창계수가 클수록 더 커진다.
③ 열응력은 봉의 단면적과 무관하다.
④ 열응력은 봉의 길이가 길어질수록 더 커진다.

23 역 카르노 냉동사이클이 2,700kW의 냉동효과를 나타낸다. 그리고 냉동실 내부온도는 270K로 유지되고 있다. 이 사이클이 온도가 300K인 주위에 열에너지를 방출하는 경우, 냉동사이클에 요구되는 동력은 몇 kW인가?

① 200　　　　　② 300　　　　　③ 500　　　　　④ 1200

24 터빈은 HP(고압터빈), IP(중압터빈), LP(저압터빈)로 구성되어 있다. 저압터빈으로 갈수록 터빈의 크기가 커지는 이유는 무엇인가?

① 저압터빈으로 갈수록 증기의 압력이 커져 증기의 체적이 작아지므로
② 저압터빈으로 갈수록 증기의 압력이 작아져 증기의 체적이 커지므로
③ 저압터빈으로 갈수록 증기의 온도가 높아져 증기의 체적이 작아지므로
④ 저압터빈으로 갈수록 증기의 온도가 높아져 증기의 체적이 커지므로

25 어떤 계에서 조화운동의 진폭은 8cm, 주기는 3초이다. 이때, 최대 속도는 얼마인가? [단, $\pi = 3$]

① 8cm/s　　　　② 16cm/s　　　　③ 24cm/s　　　　④ 30cm/s

26 복합화력발전소에서 사용하는 가스터빈이 있다. 가스터빈에서 1차로 일을 하고 나온 LNG연소가스는 대략 500℃ 이상인데 이 열을 버리기 아까워 (　)로 이동시켜 다시 증기를 발생시킨 후 2차로 증기터빈을 가동시킨다. 결국 열효율을 높일 수 있다. (　) 안에 들어갈 말로 옳은 것은?

① 재열기　　　　② 과열기　　　　③ 배열회수보일러　　　　④ 재생기

27 발전소의 응축기에서 바닷물을 이용하여 열교환시켜 증기를 응축시킨다. 이 과정에서 평소의 해수보다 온도가 대략 5℃ 정도 상승하여 다시 바다로 버려지는데 이 버려지는 것을 무엇이라 하는가?

① 오수　　　　② 특수배수　　　　③ 잡배수　　　　④ 온배수

28 열역학과 관련된 설명 중 옳은 것은 모두 몇 개인가?

- 온도계 원리와 관련된 법칙은 열역학 제0법칙이다.
- 에너지 보존 법칙과 관련된 법칙은 열역학 제1법칙이다.
- 절대온도의 눈금을 정의하는 법칙은 열역학 제2법칙이다.
- 가역과정은 비가역과정보다 출구속도가 빠르다.

① 1개　　　　② 2개　　　　③ 3개　　　　④ 4개

29 임계점과 관련된 설명으로 옳지 못한 것은?

① 임계점 이상의 압력을 초임계압이라고 하며, 그 압력 이상이 되면 액체는 증발과정을 거치지 않고 바로 과열증기가 된다.

② 냉매는 임계점의 온도가 낮아야 한다.

③ 임계점의 온도는 374.15℃이다.

④ 임계점은 물질마다 다르고 임계점에서 증발잠열은 0이다.

30 직경이 d인 원형단면의 원주에 접하는 축(x')에 관한 단면 2차 모멘트는?

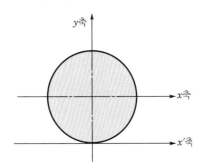

① $\dfrac{3}{32}\pi d^4$

② $\dfrac{5}{32}\pi d^4$

③ $\dfrac{3}{64}\pi d^4$

④ $\dfrac{5}{64}\pi d^4$

31 와점성계수와 관련된 것은 무엇인가?

① 밀도, 혼합거리, 전단변형률

② 압력, 혼합거리, 점성계수

③ 밀도, 혼합거리, 압력

④ 압력, 점성계수, 전단변형률

32 다음의 설명 중 옳은 것을 모두 고르면 몇 개인가?

- 연강인 경우에는 비례한도와 탄성한도가 거의 일치한다.
- 후크의 법칙은 비례한도 이내에서 응력과 변형률은 비례한다는 것을 말한다.
- 탄성계수의 단위는 변형률의 단위가 [mm]이므로 응력과 동일하다.
- 세로탄성계수는 영률이라고도 불린다.

① 1개

② 2개

③ 3개

④ 4개

33 열역학 제3법칙은 무엇을 의미하는가?

① $\lim_{t \to 0} S = 0$

② 절대 0도에 대한 정의

③ $\lim_{t \to 0} S = 1$

④ $\triangle S = RT \ln 2$

34 반지름이 2cm인 금속 A는 에어컨을 켠 상태에서 냉각하고, 반지름이 4cm인 금속 B는 에어컨을 끄고 냉각할 때 A와 B의 대류 열전달률 비는? [단, 두 경우의 온도차($\triangle T$)는 동일, 에어컨을 켜면 대류 열전달계수가 10배가 된다.]

① 1:5   ② 1:0.4   ③ 1:0.3375   ④ 1:10

35 열전도도가 $0.05\text{W/m} \cdot \text{K}$인 단열재의 고온부가 70℃, 저온부가 20℃ 이다. 단위면적당 열손실이 200W/m^2인 경우의 단열재 두께는 몇 mm인가?

① 0.0125   ② 25   ③ 12.5   ④ 0.25

36 기체의 경우, 정압비열이 정적비열보다 큰 이유로 옳은 것은?

① 정압비열은 열이 체적을 늘리는 데만 쓰인다.

② 정적비열은 열이 온도를 높이는 데 쓰이지 않기 때문이다.

③ 정압비열은 열이 기체를 가열하는 데 사용되지 않기 때문이다.

④ 정압비열은 열이 기체를 가열하는 데 사용될 뿐만 아니라, 체적을 늘리는 데에도 쓰이기 때문이다.

37 피겨스케이팅 선수가 팔을 안 쪽으로 굽히면 회전속도가 빨라지는 현상과 관계가 있는 법칙은?

① 질량 보존 법칙   ② 관성의 법칙

③ 가속도의 법칙   ④ 각운동량 보존 법칙

38 다음 설명 중 옳지 <u>않은</u> 것은?

① 유적선은 유동 특성이 변하지 않는 선이다.

② 연속방정식이란 질량의 보존법칙을 의미한다.

③ 유선 위의 어떤 점에서의 접선방향은 그 점에서의 속도벡터의 방향과 일치한다.

④ 두 점 사이를 지나는 유량은 그 두 점의 유동함수값의 차이에 비례한다.

39 응력에 관한 설명 중 옳지 않은 것은?

① 압축하중을 받는 장주의 경우 압축응력만 작용한다.
② 보의 중립면에는 굽힘응력이 작용하지 않는다.
③ 재료에 응력이 생기면 재료의 강도 저하나 파손으로 이어진다.
④ 주평면에서는 전단응력은 작용하지 않는다.

40 재료의 성질에 대한 설명으로 옳지 않은 것은?

① 경도 – 영구적인 압입에 대한 저항성
② 취성 – 재료가 외력에 의하여 영구변형하지 않고 파괴되거나 극히 일부만 영구변형하고 파괴되는 성질
③ 인성 – 파단될 때까지 단위체적당 흡수한 에너지의 총량
④ 크리프 – 고온에서 동하중이 가해진 상태에서 시간의 경과와 더불어 변형이 계속되는 현상

1회 실전 모의고사 정답 및 해설

01	③	02	③	03	②	04	①	05	④	06	④	07	②	08	④	09	③	10	③
11	③	12	③	13	②	14	④	15	④	16	④	17	④	18	④	19	③	20	③
21	②	22	④	23	②	24	②	25	②	26	③	27	④	28	④	29	②	30	④
31	①	32	③	33	①	34	②	35	③	36	④	37	④	38	①	39	①	40	④

01

정답 ③

다음 그림의 $a-a$선에서의 압력은 같다. 즉, 동일선상에서의 압력은 같으므로 다음과 같이 표현할 수 있다. 물체 질량은 M으로 표시한다.

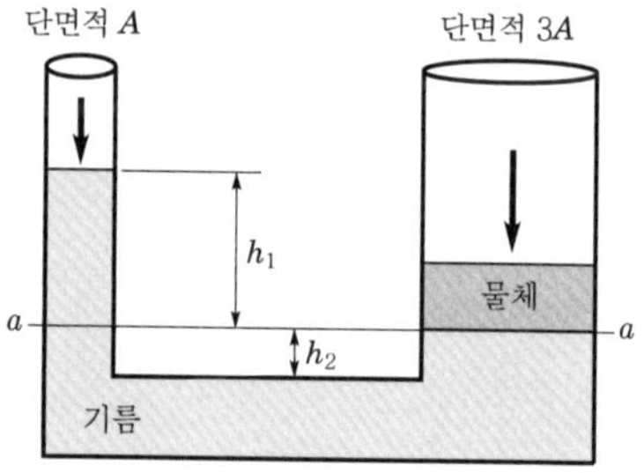

$$P_1 = \gamma h_1 = \rho g h_1 \quad P_2 = \frac{F}{A} = \frac{Mg}{3A}$$

$$P_1 = P_2 \quad \rightarrow \quad \rho g h_1 = \frac{Mg}{3A}$$

$$\therefore \ h_1 = \frac{M}{3\rho A}$$

위 식에서 보면, h_1이 2배가 되기 위해서는 질량 M이 2배가 되어야 함을 알 수 있다.

02

정답 ③

[전도]

$$Q = KA \frac{dT}{dx}$$

여기서, dT: 온도차, dx : 두께차

문제의 조건에서 면적과 두께, 열류량이 모두 동일하다고 제시되어 있으므로 온도차만 고려하면 된다. 단열계로서 성능이 우수하다는 의미는 열을 차단하는 성능이 우수하다는 의미이다. 즉, 열전도계수가 가장 작은 것을 선정하면 된다.

Q, A, dx가 일정하므로, 온도차 dT가 크면 클수록 K는 작아질 것이다. 따라서 온도차 dT가 가장 큰 ③이 정답이 된다.

03

① 건포화증기는 쉽게 응축되려고 하는 증기이다.

② 증기동력시스템에서 이상적인 사이클로 카르노사이클을 택하지 않고 랭킨사이클을 택한 주된 이유는 습증기를 효율적으로 압축하는 **펌프**의 제작이 어렵기 때문이다.

③ 과열증기는 잘 응축되지 않는 증기이다.

④ 압축액은 쉽게 증발하지 않는 액체이고, 포화액은 쉽게 증발하려고 하는 액체이다.

✓ 카르노사이클은 동작물질을 공기로 가정하기 때문에 랭킨사이클에는 부적당하다.

✓ 증기동력시스템에서 카르노사이클을 사용하지 못하는 이유는 꼭 알고 있어야 한다. 발전소 면접에서도 질문으로 나왔던 내용이며, 앞으로도 또 나올 수 있는 질문이기 때문이다.

04

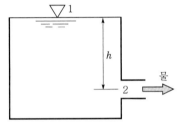

수면 1점에서는 $V_1 \approx 0$이다. 그리고 1점과 2점은 각각 대기압을 받고 있다.

베르누이 방정식 $\dfrac{P_1}{\gamma} + \dfrac{V_1^2}{2g} + Z_1 = \dfrac{P_2}{\gamma} + \dfrac{V_2^2}{2g} + Z_2$를 사용하여 토출구의 속도 V_2를 구하면,

$$\frac{P_1}{\gamma} + \frac{V_1^2}{2g} + Z_1 = \frac{P_2}{\gamma} + \frac{V_2^2}{2g} + Z_2 \quad \rightarrow \quad \frac{P}{\gamma} + Z_1 = \frac{P}{\gamma} + \frac{V_2^2}{2g} + Z_2$$

$$\rightarrow \quad \frac{V_2^2}{2g} = Z_1 - Z_2 = h \quad \rightarrow \quad V_2^2 = 2gh \quad \rightarrow \quad V_2 = \sqrt{2gh}$$

연속방정식에 의해 방출되는 유량 $Q = AV$이므로 $Q = AV_2 = A\sqrt{2gh}$가 된다.

따라서, h가 $\dfrac{1}{2}$이 된다면, $Q = A\sqrt{2gh}$에 의해 유량 Q는 $\dfrac{1}{\sqrt{2}}$배가 된다.

05

공기에서의 소리의 속도 $C = \sqrt{kRT}$ [여기서, k: 비열비, R: 기체상수, T: 절대온도]

즉, 소리의 속도는 C는 $\sqrt{T}$에 비례하게 된다.

$$\frac{C_2}{C_1} = 2 = \sqrt{\frac{T_2}{T_1}} = \sqrt{\frac{T_1 + 600}{T_1}} \quad \rightarrow \quad 2 = \sqrt{\frac{T_1 + 600}{T_1}}$$

$$2 = \sqrt{\frac{T_1 + 600}{T_1}} \quad \rightarrow \quad 4 = \frac{T_1 + 600}{T_1} \quad \rightarrow \quad 4T_1 = T_1 + 600 \quad \therefore \quad T_1 = 200K$$

- 액체 속에서의 음속: 등온변화 취급을 하기 때문에, 체적탄성계수(K)는 압력(p)과 같다.

  액체 중 음속 $a = \sqrt{\dfrac{K}{\rho}} = \sqrt{\dfrac{1}{\beta\rho}}$ [여기서, K: 체적탄성계수, ρ: 밀도, β: 압축률]

  ※ 체적탄성계수와 압축률은 역수의 관계를 갖는다.

- 공기 중에서의 음속: 단열변화 취급을 하기 때문에, 체적탄성계수(K)와 압력(p)의 관계는 $K = kp$가 된다. 공기 중 음속 $a = \sqrt{kRT}$ (SI 단위 기준)

06
정답 ④

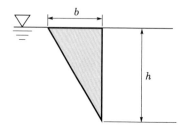

작용점의 위치(압력 중심) $y_F = \bar{y} + \dfrac{I_G}{A\bar{y}} = \dfrac{h}{3} + \dfrac{\dfrac{bh^3}{36}}{\dfrac{bh}{2} \times \dfrac{h}{3}} = \dfrac{h}{3} + \dfrac{\dfrac{bh^3}{36}}{\dfrac{bh^2}{6}} = \dfrac{h}{3} + \dfrac{h}{6} = \dfrac{h}{2}$

작용점의 위치는 평판의 도심점 G보다 $\dfrac{I_G}{A\bar{y}}$만큼 아래에 작용한다.

전압력 $F = pA = \gamma hA$

(여기서, γ: 액체의 비중량, h: 수면에서 평판의 무게중심까지 거리, A: 평판의 단면적)

07
정답 ②

스프링상수가 k인 스프링에 x만큼 변형량을 주었을 때 필요한 힘은 $F = kx$이다.

스프링에 힘을 가해 변형하면, 스프링은 원래의 상태로 되돌아가려는 힘을 갖는다. 이 힘을 탄성력이라고 한다. 스프링을 늘리거나 압축할 때 스프링 내부에 에너지로 저장되는데, 이 에너지를 탄성력에 의한 위치 에너지 또는 탄성에너지라고 부른다. 식으로는 $E = \dfrac{1}{2}kx^2$ [여기서, k: 스프링 상수, x: 변형량]

즉, 압축된 만큼 스프링 내부에 탄성에너지가 저장될 것이고, 스프링을 놓았을 때 물체는 속도(v)를 갖게 되어 운동에너지를 만들게 된다. 그리고 이 운동에너지는 결국 최종적으로 위치에너지로 변환된다. 최대 높이에서는 물체의 v(속도)는 0이 된다.

이를 식으로 표현하면 $\dfrac{1}{2}kx^2 = mgh \rightarrow h = \dfrac{kx^2}{2mg} = \dfrac{400 \times 0.4^2}{2 \times 2 \times 10} = 1.6\text{m}$

08

$$P = \tau A = \mu \frac{du}{dy} \times \pi DL$$

$$V = rw = \frac{D}{2}w$$

$$T = P\frac{D}{2} = \mu \frac{du}{dy} \times \pi DL \times \frac{D}{2} = \mu \frac{V}{t} \times \pi DL \times \frac{D}{2} = \frac{\mu V \pi D^2 L}{2t} \quad [\text{단}, \ V = \frac{D}{2}w]$$

$$T = \frac{\mu Vpi D^2 L}{2t} = \frac{\mu \left(\frac{D}{2}w\right)\pi D^2 L}{2t} = \frac{\mu w \pi D^3 L}{4t}$$

09

퍼텐셜 흐름은 압축성, 점성, 회전성의 3가지 성질이 모두 무시되는 이상유체의 흐름이다. 퍼텐셜 유동은 비회전 흐름의 구모양인 3차원을 해석할 수도 있고, 2차원도 해석할 수 있다. 하지만 유동함수는 2차원 해석이다. 따라서 유동(유선)함수가 존재하는 유동이라고 해서 3차원 퍼텐셜 유동인지, 2차원 퍼텐셜 유동인지 판단할 수 없기 때문에 "유동(유선)함수가 존재하는 유동은 퍼텐셜 유동이다"라고 단정짓는 것은 옳지 못한 표현이다. 즉, 유동(유선)함수가 존재한다고 해서 반드시 퍼텐셜 유동은 아니다.

10

단위시간 동안 이동하는 열의 양은 같다. 따라서 다음과 같이 식을 표현할 수 있다.

$$14\frac{A(160 - T_m)}{4} = 3\frac{A(T_m - 32)}{6} \quad [\text{여기서}, \ A: \text{단면적}]$$

양변에 24를 곱한다.

$$84A(160 - T_m) = 12A(T_m - 32)$$

$$7(160 - T_m) = (T_m - 32)$$

$$1,120 - 7T_m = T_m - 32$$

$$8T_m = 1,152 \quad \therefore \ T_m = 144℃$$

11

[뉴턴의 점성법칙]

$$\tau = \mu\left(\frac{du}{dy}\right) \quad [\text{여기서}, \ \tau: \text{전단응력}, \ \mu: \text{점성계수}, \ \frac{du}{dy} = \text{전단변형률}, \ \text{속도구배}, \ \text{속도기울기}]$$

• 전단응력은 점성계수와 속도기울기의 곱으로 표현된다.
• 전단응력은 속도기울기에 비례한다.
• 전단응력은 점성계수에 비례한다.

12

정답 ③

일과 에너지의 정리를 사용한다.

$$W_1 = \frac{1}{2}m(V_2^2 - V_1^2) = \frac{1}{2}m(2^2 - 1^2) = \frac{3}{2}m$$

$$W_2 = \frac{1}{2}m(V_2^2 - V_1^2) = \frac{1}{2}m(4^2 - 3^2) = \frac{7}{2}m$$

$$\therefore \ W_1 : W_2 = \frac{3}{2}m : \frac{7}{2}m = 3 : 7$$

13

정답 ②

동전이 움직이면서 발생한 운동에너지는 마찰일량으로 변환되면서 정지한다. 즉, "**운동에너지 = 마찰일량**"임을 알 수 있다. 여기서 먼저, 속도를 구해야 한다. 외부에서 외력이 가해져 물체가 운동했고 마찰로 인해 정지했으므로 물체의 운동은 등가속도 운동을 하고 있다. 또한, 속도가 줄어 최종적으로 정지하였으므로 가속도가 마이너스(−)라는 것을 알 수 있다. 따라서 아래처럼 속도-시간 그래프를 그릴 수 있다. 속도와 시간 그래프의 면적은 이동거리가 되므로 아래 그래프에서 음영 부분의 면적이 12초 동안 동전이 움직인 거리가 된다.

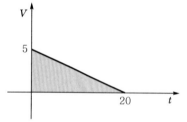

즉, 식으로 표현하면 $S = \frac{1}{2}V_0 t \rightarrow 50 = \frac{1}{2}V_0 \times 20 \rightarrow V_0 = 5\text{m/s}$ 가 도출된다.

"운동에너지 = 마찰일량"이므로, $\frac{1}{2}mV_0^2 = \mu mgS \rightarrow \mu = \frac{V_0^2}{2gS} = \frac{5^2}{2 \times 10 \times 50} = \frac{25}{1,000} = 0.025$

14

정답 ④

물체의 위치가 마이너스(−)로 표현되어 있기 때문에 방향까지 고려한 문제이다. 따라서 평균속도 개념을 통해 처리하자.

• **속력**: 물체의 빠르기를 나타내는 척도로 단위시간당 이동한 거리이다. 즉, 방향성이 없는 스칼라량이다.

• **속도**: 속력과 같이 크기를 가지고 있고, 방향성도 있는 백터량이다. 즉, 속도는 단위시간당 변위이다.

$$v_{평균속력} = \frac{이동한\ 거리}{걸린\ 시간} \qquad v_{평균속도} = \frac{변위}{걸린\ 시간}$$

• **이동한 거리**: 물체가 운동했을 때, 물체가 지나간 경로를 따라 측정한 거리로 물체가 실제로 이동한 거리를 말한다.

- 변위: 어느 시간 동안 물체가 운동했을 때, 중간의 이동 경로와는 관계없이 출발점에서 도착점을 잇는 백터량이다.

1초에서 2초 사이의 평균속도 $v_{12} = \dfrac{-7-(-4)}{2-1} = -3\mathrm{m/s}$

2초에서 3초 사이의 평균속도 $v_{23} = \dfrac{-14-(-7)}{3-2} = -7\mathrm{m/s}$

가속도 $a = \dfrac{v_{23}-v_{12}}{1} = \dfrac{-7-(-3)}{1} = -4\mathrm{m/s^2}$

0~1초에서의 평균속도는 가속도가 $-4\mathrm{m/s^2}$이므로 1초에서 2초 사이의 평균속도 $v_{12}=-3\mathrm{m/s}$에서 가속도를 처리한다. 즉, 가속도가 $-4\mathrm{m/s^2}$이므로 1초마다 $-4\mathrm{m/s}$씩 줄어든다는 것을 감안했을 때, $v_{01}=1\mathrm{m/s}$이라는 것을 알 수 있다.

$v_{01} = \dfrac{-2-x_0}{1} \to 1 = -4-x_0 \quad \to \quad \therefore x_0 = -5\mathrm{m}$

15

정답 ④

막대의 무게도 고려해야 한다. 이 부분에서 실수할 수 있으므로 꼭 조심하자.

$\sum M_A = 0 \to R_B \times 60\mathrm{cm} - 6\mathrm{kg} \times 10\mathrm{m/s^2} \times 10\mathrm{cm} - 10\mathrm{kg} \times 10\mathrm{m/s^2} \times 30\mathrm{cm} = 0 \to R_B = 60\mathrm{N}$

$\sum M_B = 0 \to -R_A \times 60\mathrm{cm} + 6\mathrm{kg} \times 10\mathrm{m/s^2} \times 50\mathrm{cm} + 10\mathrm{kg} \times 10\mathrm{m/s^2} \times 30\mathrm{cm} = 0 \to R_A = 100\mathrm{N}$

$\therefore R_A : R_B = 100\mathrm{N} : 60\mathrm{N} = 10 : 6 = 5 : 3$

16

정답 ④

급 확대관에서는 $Q=AV$(연속방정식)에 의해 단면적이 늘어나는 관으로 속도가 줄어들게 된다. 따라서 유선을 따라 움직이는 유체가 압력이 증가하고 속도가 감소하여 유선을 이탈하는 현상인 박리가 발생한다. 뉴턴의 점성법칙 $\tau = \mu\dfrac{du}{dy}$에서 $\dfrac{du}{dy}=0$이기 때문에 τ(전단응력)은 0이 된다.

유체가 움직이면서 유체와 물체 사이의 마찰력(점성)으로 인해 물체 표면에 인접한 유동 속도는 점점 감소하고 반대로 압력은 증가하게 된다. 즉, 압력이 유동 방향으로 점점 증가한다. 이를 **역압력 구배**라고 한다. 박리현상은 마찰력(점성)으로 인해 손실을 유발한다.

- 박리: 유선을 따라 움직이는 유체가 압력이 증가하고 속도가 감소하면 유선을 이탈하는데 이러한 현상을 박리현상이라고 한다.

[박리에 관한 필수 내용]

- 속도기울기(속도구배) $\dfrac{du}{dy}$가 0이 되는 지점에서 박리가 발생하고 이 지점을 박리점이라고 한다.
- 박리는 역압력 구배에서 발생하며, 압력항력과 밀접한 관계를 가지고 있다.

※ **후류**(wake): 박리점 후에 나타나는 소용돌이 형상의 불규칙한 흐름을 말하며 압력항력이 생기는 주원인이다.

17

정답 ④

퍼텐셜 흐름은 압축성, 점성, 회전성의 3가지 성질이 모두 무시되는 이상유체의 흐름이다. 고체 벽에 인접한 유체층에서의 흐름에서는 점성이 고려된다.

18

정답 ④

위치에너지가 모두 열량 값으로 변하기 때문에 다음과 같은 식으로 표현할 수 있다.

$mgh = cm \triangle T$ [단, $c = 4.2 \text{J/g} \cdot \text{℃} = 4,200 \text{J/kg} \cdot \text{℃}$]

$\rightarrow \triangle T = \dfrac{gh}{c} = \dfrac{10 \times 100}{4,200} = 0.238 \text{℃}$

19

정답 ③

• 열역학 제0법칙: 고온물체와 저온물체가 만나면 열교환을 통해 결국 온도가 같아진다. 즉, 열평형에 대한 법칙으로 온도계 원리와 관련이 있는 법칙이다.
• 열역학 제1법칙: 에너지는 여러 형태를 취하지만 총에너지양은 일정하다(에너지 보존 법칙).
• 열역학 제2법칙: 하나의 열원에서 얻어진 열을 모두 일로 바꾸는 기관은 존재하지 않는다. 그리고 비가역을 명시하며, 절대눈금을 정의하는 법칙이다.
• 열역학 제3법칙: 절대 0도에서 계의 엔트로피는 항상 0이 된다.

20

정답 ③

[전도]

고체의 내부 및 정지유체의 액체, 기체와 같이 물체 내의 온도차에 따른 열의 전달을 말한다. 강판의 경우 평판으로 판단하고 해석한다. 우선 전도에 대해 원통의 열전달식은 다음과 같다.

$Q = \dfrac{kAdT}{t}$ [여기서, k: 열전도계수($W/m\text{℃}$), A: 전열면적(m^2), t: 강판의 두께(m)]

$1,000 W = \dfrac{0.5 \times (5 \times 8) \times (20 - 5)}{t} \rightarrow \therefore t = \dfrac{300}{1,000} [\text{m}] = 30 \text{cm}$ (단위에 주의하자.)

21

정답 ②

[카르노 사이클(Carnot cycle)]

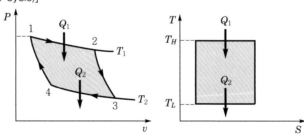

카르노 사이클은 2개의 가역등온과 2개의 가역 단열 과정으로 구성되며 열기관 중 최고 열효율을 가진 사이클이다.

과정	상태 변화	관계식
1 → 2	등온팽창	$Q_1 = AGRT_H \ln \dfrac{V_2}{V_1}$
2 → 3	단열팽창	$\dfrac{T_L}{T_H} = \dfrac{T_3}{T_2} = \left(\dfrac{V_2}{V_3}\right)^{k-1}$
3 → 4	등온압축	$Q_1 = AGRT_L \ln \dfrac{V_3}{V_4}$
4 → 1	단열압축	$\dfrac{T_L}{T_H} = \dfrac{T_4}{T_1} = \left(\dfrac{V_1}{V_4}\right)^{k-1}$

✓ 열의 전달은 등온 과정에서만 일어나지만 일의 전달은 등온, 단열 과정에서 모두 발생한다.

22

정답 ④

[열응력]

물체가 구속 상태가 아닌 자유로운 상태에서는 온도의 변화가 생겼을 때에 신축 또는 수축만 하고 물체 내부에 응력은 발생하지 않는다. 그러나 물체가 구속을 받고 있는 상태인 경우에 온도의 변화에 의해서 생기는 응력이 발생한다. 이를 열응력이라 한다.

$$\sigma = E\alpha(t_2 - t_1) = E\alpha \triangle t \;\; \cdots \; ⊙$$

[여기서, σ: 열응력, E: 세로탄성계수(종탄성계수, Young계수),

$\quad\quad t_1$: 처음온도(℃), t_2: 나중온도(℃), α: 선팽창계수(1/℃)

→ ⊙ 열응력 공식을 통해 살펴보면, 열응력은 탄성계수와 열팽창계수와 비례관계이다.

　　즉, 탄성계수와 열팽창계수가 클수록 열응력값은 커지게 된다.

• 열에 의한 변형률(ε): $\sigma = E\varepsilon = E\alpha(t_2 - t_1) \rightarrow \varepsilon = \alpha(t_2 - t_1) = \alpha \triangle t$

• 열에 의한 변형량(λ): $\varepsilon = \dfrac{\lambda}{l} \rightarrow \lambda = \varepsilon l = \alpha(t_2 - t_1)l \rightarrow \lambda = \alpha \triangle t l$

• 열에 의한 힘(P): $\sigma = \dfrac{P}{A} \rightarrow P = \sigma A = E\alpha(t_2 - t_1)A \;\; \cdots \; ⓛ$

ⓛ의 식을 통해 보면, 열응력은 단면적에 무관함을 알 수 있다. 또한, 위의 식과 같이 열응력을 변형률, 변형량, 힘에 의해 식을 표현해보면 길이와 열응력의 변형률은 관계없음을 파악할 수 있다.

23

역카르노 사이클은 냉동기 이상사이클이다.

- 열펌프의 성능계수$(\varepsilon_h) = \dfrac{Q_1}{w_c} = \dfrac{Q_1}{Q_1 - Q_2} = \dfrac{T_1}{T_1 - T_2}$

- 냉동기의 성능계수$(\varepsilon_r) = \dfrac{Q_2}{w_c} = \dfrac{Q_2}{Q_1 - Q_2} = \dfrac{T_2}{T_1 - T_2}$로 나타낼 수 있다.

- 이 식들을 정리하면 $\varepsilon_h = \varepsilon_r + 1$이 성립한다.

- 역카르노 사이클에서 방열과 흡열은 등엔트로피 과정이 아닌 등온과정에서 일어난다.

$$\varepsilon_r = \frac{T_2}{T_1 - T_2} = \frac{270}{300 - 270} = 9$$

$$\rightarrow \varepsilon_r = 9 = \frac{Q_2}{w_c} = \frac{2,700}{w_c}$$

$$\therefore \ w_c = 300 \text{kW}$$

24

터빈은 HP(고압터빈), IP(중압터빈), LP(저압터빈)으로 구성되어 있다. 터빈에서 과열증기가 터빈 블레이드를 충격하면서 터빈 블레이드를 회전시키고 터빈과 동일축선상으로 연결된 발전기가 돌면서 전력을 생산하게 된다. 이 과정에서 터빈에서 팽창일을 만들어내는 과열증기는 일한 만큼 압력과 온도는 감소하게 된다. 즉, 고압터빈, 중압터빈, 저압터빈의 각 단계를 거치면서 일을 하게 될 것이고 이에 따라 단계별로 압력은 감소하게 된다. 따라서 압력이 감소하기 때문에 증기의 체적은 커지게 된다. 즉, 터빈 블레이드에 접촉하는 증기의 체적이 커지기 때문에 저압터빈으로 갈수록 터빈의 크기가 커지는 것이다.

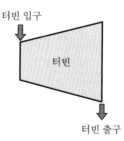

터빈 입구

터빈

터빈 출구

위 그림처럼, 터빈을 나비 모양으로 그리는 이유도 위의 이유와 동일하다. 과열증기가 터빈 입구로 들어가서 팽창 일을 하게 되는데, 일한 만큼 압력이 떨어지기 때문에 증기의 체적은 커지게 된다. 따라서 터빈 블레이드 단수를 지나감에 따라 증기의 체적이 점점 증가하기 때문에 증기가 블레이드에 닿는 면적이 커져 터빈 출구에 가까운 블레이드는 크기가 큰 것이다. 따라서 터빈 출구에 가까울수록 터빈 모양이 커지는 형상을 위의 이유로 설명할 수 있다.

25

$X(t) = x_0 \sin(wt)$ 변위함수를 미분하면 속도함수가 나온다.

$X(t) = x_0 \sin(wt) \rightarrow V(t) = x_0 w \cos(wt)$

$f = \dfrac{w}{2\pi}$ $T = \dfrac{2\pi}{w}$ [주기와 진동수는 역수의 관계]

$T = \dfrac{2\pi}{w} \rightarrow 3 = \dfrac{2(3)}{w} \rightarrow \therefore w = 2\text{rad/s}$ 속도함수식에 대입하면,

$\rightarrow V(t) = x_0 w \cos(wt) = 8 \times 2 \times \cos(wt)$이 도출된다. 최대 속도를 구해야 하므로

$\rightarrow V(t) = x_0 w \cos(wt) = 8 \times 2 \times \cos(wt) = 16\text{cm/s}$가 도출이 된다. $\sin\theta$, $\cos\theta$의 최대값은 1이기 때문이다.

처음에 함수를 잡을 때, $X(t) = x_0 \sin(wt)$, $X(t) = x_0 \cos(wt)$ 둘 중에 아무거나 잡아도 된다. 결국 시간이 0일 때, 초기 진폭이 다를 뿐, 둘 다 진동 파형이기 때문이다. 하지만 조심해야 할 것은 초기조건 으로 변위 x_0가 주어진다면, 변위함수는 $X(t) = x_0 \cos(wt)$가 된다. 초기이므로 t에 0을 대입하면 $\cos(0) = 1$ 이므로 $X(0) = x_0$가 도출되기 때문이다.

26

복합발전은 1차(가스터빈, 브레이턴사이클) +2차(증기터빈, 랭킨사이클)로 구성되어 있다. 구체적으로 가 스터빈의 3대 요소는 압축기, 연소기, 가스터빈으로 압축기에서 LNG연료를 압축시켜 고온·고압 상태로 만들고 연소기에서 LNG연료를 연소시킨다. 그리고 연소된 LNG가스는 가스터빈으로 들어 가 가스터빈을 가동시키고 1차 팽창일을 얻게 된다. 여기서 1차 팽창일을 만들고 가스터빈을 나온 LNG가스의 온도는 대략 500℃ 이상이다. 이 열을 버리기 아까워 다시 배열회수보일러로 회수시킨 후, 이 열을 사용하여 배열회수보일러에서 고온·고압의 증기를 만든다. 그리고 이 고온·고압의 증기 를 사용하여 2차 터빈(증기터빈)을 가동시켜 2차 팽창일을 얻는다.

[배열회수보일러(Heat Recovery Steam Generator, HRSG)]
화력발전소에서 가스터빈을 돌릴 때 배출되는 열에너지를 회수하여 다시 고온·고압의 증기로 만들 어 증기터빈을 가동할 수 있도록 하는 복합화력의 핵심설비이다.

27

응축과정에 의한 열교환으로 온도가 상승되어 다시 바다로 버려지는 것을 온배수라고 한다. 따라서 버려지는 곳은 해수의 온도가 상승해 물고기가 많이 잡히기도 한다. 또는 버려지는 온배수의 낙차 를 이용해 소수력발전소를 운영하거나 히트펌프를 사용하여 에코팜을 운영하기도 한다.

28

정답 ④

열역학 제0법칙	• 열평형의 법칙 → 온도계의 원리 제공 두 물체가 제 3의 물체와 온도의 동등성을 가질 때에는 두 물체도 역시 서로 온도의 동등성을 갖는다. → $_1Q_2 = mc\Delta t$ 쓰이는 대표적인 법칙
열역학 제1법칙	• 열과 일 사이의 에너지 보존의 법칙 → 열과 일의 관계 설명 열과 일은 서로 전환이 가능하며 일정한 비례 관계가 성립한다. 즉, 열량은 일량으로 일량은 열량으로 환산이 가능하다. → 가역과 비가역을 막론하고 모두 성립하는 법칙
열역학 제2법칙	• 에너지의 방향성을 나타내는 법칙 비가역을 보여주는 법칙. 즉 일 → 열 이동은 가능하나, 열 → 일 이동은 불가능하다. – 엔트로피를 정의한 법칙 – 제2종 영구기관은 존재할 수 없다는 것을 보여주는 법칙 – 절대온도의 눈금을 정의하는 법칙
열역학 제3법칙	• 절대 0도에서 계의 엔트로피는 0이 된다는 법칙

비가역과정의 대표적인 예시 중 마찰이 있다. 마찰이 생성되면 출구 시 손실이 발생되고 이는 마찰이 없을 때보다 속도가 느려질 수밖에 없다. 즉, 마찰이 존재하지 않는 가역과정에서 출구속도가 비가역과정보다 빠르게 된다.

29

정답 ②

임계점 이상의 압력을 초임계압이라고 하며, 초임계압 이상이 되면 액체는 증발과정을 거치지 않고 바로 과열증기가 된다. 따라서 임계점에서는 증발과정을 거치지 않아 **증발잠열**은 0이 된다.
T-S선도를 참고해도, 임계점에 가까워질수록 증발잠열 면적이 점점 줄어들어 점으로 표시된다.
그리고 임계점에서 액체와 증기의 밀도가 같다.
냉매의 임계온도는 높아야 한다.

참고
임계점의 온도는 374.15℃이며 임계점의 압력은 224.15kgf/cm²

30

정답 ④

[평행축 정리]
단면 2차 모멘트는 원점을 중심으로 x, y축을 두고 해석하지만 문제에서처럼 축을 이동시키게 되면 단면 2차 모멘트의 값이 달라진다. 이때 평행축 정리를 사용한다. 축의 평행이동 거리를 a라 할 때 이동시킨 축에 대한 단면 2차 모멘트($I_x{'}$)는 아래와 같이 나타낼 수 있다.

$$I_x{'} = I_x + a^2 A$$

[여기서, I_x: 원점을 축으로 둔 단면의 2차 모멘트, a: 축의 평행이동 거리, A: 단면적]

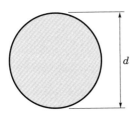

[원형단면]

$$I_x = I_y = \frac{\pi d^4}{64}$$

$$I_p = \frac{\pi d^4}{32} \quad Z_P = \frac{\pi d^3}{16}$$

$$I_x{}' = I_x + a^2 A = \frac{\pi d^4}{64} + \left(\frac{d}{2}\right)^2 \times \frac{\pi d^2}{4} = \frac{\pi d^4}{64} + \frac{\pi d^4}{16} = \frac{5}{64}\pi d^4$$

그림에서와 같이 x축에서 x'축으로 평행이동 거리는 $\frac{d}{2}$이다.

31

정답 ①

와점성계수: 난류의 정도와 유체의 밀도에 의하여 결정되는 계수

와점성계수 $= \rho L^2 \dfrac{du}{dy}$

[여기서, ρ : 밀도, L : 프란틀의 혼합거리, $\dfrac{du}{dy}$: 전단변형률, 각변형률, 속도구배]

32

정답 ③

- 연강인 경우에는 비례한도와 탄성한도가 거의 일치한다.
- 후크의 법칙은 비례한도 이내에서 응력과 변형률은 비례한다는 것을 말한다.
- 탄성계수의 단위는 변형률이 무차원수이므로 응력과 동일하다.
  → $\sigma = E\varepsilon$ [여기서, σ : 응력, E : 탄성계수, ε : 변형률] 후크의 법칙
- 세로탄성계수는 영률이라고도 불린다.

33

정답 ①

[열역학 제3법칙]

엔트로피의 절대값을 정리해주는 법칙

네른스트는 어떤 이상적인 방법으로도 어떤 계를 절대온도 $0\mathrm{K}(=-273℃)$에는 이르게 할 수 없다고 정의한다. 즉, 카르노사이클의 열효율에서 보면, $\eta_C = 1 - \dfrac{T_2}{T_1}$이므로 T_2가 절대 0도이면 카르노 기관의 열효율은 100%가 되지만, 절대 0도의 열원은 있을 수 없기에 열효율 100%는 불가능하다는 말이다.

플랭크에 의하면, 절대온도 $0\mathrm{K}$로 갈수록 엔트로피는 0으로 향한다는 **엔트로피의 절대값**을 정리해준다. 결국 열역학 제3법칙은 $\displaystyle\lim_{t \to 0} S = 0$을 의미한다.

34

[대류]

물질이 열을 가지고 이동하여 열을 전달하는 것이다.

• 라면을 끓일 때 냄비의 물을 가열하는 것, 방 안의 공기가 뜨거워지는 것

• 액체 또는 기체 상태의 물질이 열을 받으면 운동이 빨라지고 부피가 팽창하여 밀도가 작아지게 된다. 상대적으로 가벼워지면서 상승하게 되고 반대로 위에 있던 물질은 상대적으로 밀도가 커 내려오게 되는 현상을 말한다. 즉, 대류의 원인은 밀도 차이다.

$Q = hA(T_w - T_f)$ [여기서, h : 열대류계수, A : 면적, T_w : 벽온도, T_f : 유체의 온도]

$Q_A = h_A A_A dT = h_A \times \pi r_A^2 \times dT = 4\pi h_1 dT$

$Q_B = h_B A_B dT = \dfrac{1}{10} h_A \times \pi r_B^2 \times dT = 1.6\pi h_A dT$

$\therefore Q_A : Q_B = 1 : 0.4$

35

[전도]

고체의 내부 및 정지유체의 액체, 기체와 같이 물체 내의 온도차에 따른 열의 전달을 말한다. 강판의 경우 평판으로 판단하고 해석한다. 우선 전도에 대해 원통의 열전달식은 다음과 같다.

$Q = \dfrac{kAdT}{t}$ [여기서, k : 열전도계수(W/mK), A : 전열면적(m^2), t : 강판의 두께(m)]

단위면적당 열손실 $\left(\dfrac{Q}{A}\right)$는

$\dfrac{Q}{A} = \dfrac{k \times dT}{t} \rightarrow 200 = \dfrac{0.05 \times (70 - 20)}{t}$

$\therefore t = \dfrac{2.5}{200} = 0.0125m = 12.5mm$

36

정압비열에서는 열이 기체를 가열하는 데 사용될 뿐만 아니라, 체적을 늘리는 데에도 쓰이기 때문에 정압비열이 정적비열보다 크다. 하지만, 정적비열에서는 열이 온도를 높이는 데에만 쓰인다.

고체와 액체의 경우에는 정압비열과 정적비열이 큰 차이가 없으나 열을 가할 때 일정한 부피를 유지하도록 만들기 어렵기 때문에 정압비열을 재료의 비열로 간주한다. 기체는 가열하면 열팽창에 의해 외부 압력에 대해 일을 하게 되므로 정압비열과 정적비열이 달라지게 된다.

부피를 일정하게 유지하면서 가열할 경우, 가해진 열은 모두 용기 내 기체를 가열하는 데에만 쓰여진다. 그러나 압력 P인 피스톤으로 눌려지고 있는 기체를 가열하면 기체가 팽창하면서 Pdv만큼의 일을 하게 되므로 가한 열의 일부가 기체를 가열하는 것에만 쓰이지 않고 외부에 일을 하는 데 쓰이게 된다. 따라서 기체의 정압비열은 정적비열보다 크다.

37

정답 ④

$L(각운동량) = m\,V(r) = Iw$ (원판의 경우 $I = \frac{1}{2}mr^2$, 구의 경우 $I = \frac{2}{5}mr^2$)

각운동량 보존 법칙: 피겨스케이팅 선수가 팔을 안 쪽으로 굽히면 회전속도가 빨라지는 현상과 관계가 있는 법칙이다.

38

정답 ①

- 유선: 임의의 유동장내에서 유체입자가 곡선을 따라 움직일 때, 그 곡선이 갖는 접선과 유체입자가 갖는 속도벡터의 방향을 일치하도록 해석할 때 그 곡선을 유선이라고 말한다.
- 유관(유선관): 어떤 폐곡선을 통과하는 여러 개의 유선으로 둘러싸여 이루어진 가상적 공간이다.
- 유적선: 주어진 시간 동안 유체입자가 지나간 흔적을 말한다. 유체입자는 항상 유선의 접선방향으로 운동하기 때문에 정상류에서 유적선은 유선과 일치한다.
- 유맥선: 공간 내의 한점을 지나는 모든 유체입자들의 순간 궤적을 말한다. 또는 모든 유체입자의 순간적인 부피를 말하며 연소하는 물질의 체적 등을 말한다. (예 담배연기)

[필수 내용]
- 등류: 거리에 관계없이 속도가 일정한 흐름($\frac{dV}{ds} = 0$) = 균속도
- 정상류: 유동장의 임의의 한 점에서 시간의 변화에 대한 유동특성이 일정한 유체의 흐름
- 비정상류: 유도장의 임의의 한 점에서 시간에 따라 유동특성이 변하는 흐름
 [여기서 유동특성이란, 속도, 압력, 온도, 밀도를 말한다]
- 두 점 사이를 지나는 유량은 그 두 점의 유동함수 값의 차이에 비례한다.

39

정답 ①

[장주(Long column)]
단면의 치수에 비해 길이가 대단히 긴 봉이 그 축 방향으로 압축하중을 받는 경우의 봉
장주(단면의 치수에 비해 길이가 매우 긴 봉)의 경우는 압축하중을 받으면 압축하중에 의한 압축응력으로 파괴에 도달할 뿐만 아니라, 길이가 매우 길기 때문에 굽어지거나 처지므로 인장응력도 발생할 수 있다. 단, 길이가 매우 짧은 단주일 경우는 압축하중을 받으면 압축응력만 발생한다.
보의 중심에 힘이 발생하면, 편심하중이 발생하지 않기 때문에 힘이 일정하게 분포된다. 즉, 힘이 어느 한쪽으로도 치우쳐서 발생하지 않기 때문에, 굽힘 응력은 발생하지 않는다.
재료에 응력이 생기면 재료의 강도 저하나 파손으로 이어지게 된다.
주평면은 $\theta = 0°$인 평면으로 최대 주응력과 최소 주응력이 존재하고 전단응력이 0이 되는 면을 의미한다.

40

정답 ④

크리프: 고온에서 정하중이 가해진 상태에서 시간의 경과와 더불어 변형이 계속되는 현상

2회 실전 모의고사

1문제당 2.5점 / 점수 [   ]점

⋯▸ 정답 및 해설: p.159

01 하겐-푸아죄유(Hagen-Poiseuille)식에 관한 설명으로 옳은 것은?

① 수평원관 속의 난류 흐름에 대한 유량을 구하는 식이다.
② 수평원관 속의 층류 흐름에서 유량, 관경, 점성계수, 길이, 압력강하 등과 관련된 식이다.
③ 수평원관 속의 층류 흐름에서 레이놀즈수와 유량과의 관계식이다.
④ 수평원관 속의 층류 및 난류 흐름에서 마찰손실을 구하는 식이다.

02 절삭날 끝의 둥근 부분을 의미하는 노즈의 직경[mm]은?

① 0.8   ② 1.5   ③ 1.6   ④ 2.5

03 사인바의 호칭 치수는 무엇으로 표시하는가?

① 양 롤러 사이의 중심거리   ② 사인바의 전장
③ 사인바의 중량   ④ 롤러의 직경

04 노즈의 반경이 2배, 이송거리가 4배가 된다면 표면거칠기 최대 높이는 몇 배가 되는가?

① 2배   ② 4배
③ 8배   ④ 변화 없다.

05 흑연화 과정으로 옳은 것은?

① $Fe_3C \rightarrow Fe + 3C$ ② $Fe_3C \rightarrow 3Fe + C$
③ $Fe + C \rightarrow Fe_3C$ ④ $Fe + 3C \rightarrow Fe_3C$

06 냉각속도가 빠를 때 나타나는 현상으로 옳지 않은 것은?

① 조직이 미세화된다.   ② 경화능이 좋아진다.
③ 결정핵 수가 증가한다.   ④ 불순물이 많아진다.

07 소성가공의 특징으로 옳지 <u>않은</u> 것은?

① 금속의 조직이 치밀해진다.
② 복잡한 형상을 만들기 쉽다.
③ 제품의 치수가 정확하다.
④ 대량생산으로 균일한 제품을 얻을 수 있다.

08 재료가 외력을 받으면 내부에 응력이 생기기 마련이다. 재료 내부 응력 분포상태의 검사에 사용되는 방법은?

① 초음파탐상법　　　　　　　　② 와류탐상법
③ 광탄성시험법　　　　　　　　④ 인장시험법

09 펌프의 3가지 기본 사항이 <u>아닌</u> 것은?

① 유량　　　　② 양정　　　　③ 회전수　　　　④ 동력

10 선반 주축을 중공축으로 한 이유로 옳은 것은?

① 외관상의 미관을 위하여
② 긴 가공물의 고정을 편리하게 하기 위하여
③ 지름이 큰 재료의 테이퍼를 깎기 위하여
④ 무게를 증가시켜 안전을 도모하기 위해

11 유체동력, 축동력, 펌프동력의 관계로 옳은 것은? [단, 전효율 = 1]

① 펌프동력 > 유체동력 = 축동력　　　　② 유체동력 > 펌프동력 = 축동력
③ 펌프동력 = 유체동력 = 축동력　　　　④ 펌프동력 > 축동력 > 유체동력

12 4사이클 기관은 크랭크축 (　)회전에 (　)사이클을 완료하는 기관이다. (　)에 들어가야 할 숫자를 순서대로 옳게 나열한 것은?

① 1, 1　　　　　　　　　　② 1, 2
③ 2, 1　　　　　　　　　　④ 2, 2

13 내연기관의 특징으로 옳지 <u>않은</u> 것은?

① 충격과 진동이 심하다.　　　② 큰 출력을 얻기 힘들다.
③ 원활한 저속 운전이 가능하다.　　④ 열효율은 비교적 높다.

14 4사이클 기관에 대한 설명으로 옳지 <u>않은</u> 것은?

① 각 행정이 확실히 구분된다.　　② 열적부하가 작다.
③ 연료소비율이 크다.　　　　　④ 체적효율이 좋다.

15 디젤기관의 노크 방지법에 대한 설명으로 옳지 <u>않은</u> 것은?

① 압축비를 크게 한다.　　　② 회전수를 낮게 한다.
③ 실린더 체적을 작게 한다.　　④ 연료착화점을 낮게 한다.

16 디젤기관에 대한 설명으로 옳지 못한 것은?

① 저속 성능이 좋고 열효율이 좋다.
② 가솔린기관에 비해 압축비가 높다.
③ 점화장치가 없어 고장이 적다.
④ 디젤기관은 압축열에 의해 온도를 상승시킨 후, 연료를 자연 착화시켜 연소하는 기관이다.

17 가솔린기관의 구성요소가 <u>아닌</u> 것은?

① 크랭크축　　　　　② 실린더 헤드
③ 분사 펌프　　　　　④ 점화 플러그

18 로터리 엔진의 구성 요소가 <u>아닌</u> 것은?

① 하우징　　　　　② 고정 소기어
③ 내접 기어　　　　④ 로터

19 가솔린기관에서 압축 행정 시 혼합기는 원래 부피의 (　)만큼 압축된다. (　) 안에 들어갈 수는?

① $\frac{1}{2}$　　　② $\frac{1}{3}$　　　③ $\frac{1}{5}$　　　④ $\frac{1}{7}$

20 목재의 강도 순서로 옳은 것은?

① 인장강도>굽힘강도>압축강도>전단강도
② 압축강도>굽힘강도>인장강도>전단강도
③ 인장강도>압축강도>굽힘강도>전단강도
④ 압축강도>전단강도>인장강도>굽힘강도

21 다음 중 액체 및 기체 연료를 연소하는 장치는?

① 화격자　　　　　② 버너　　　　　③ 터빈　　　　　④ 밸브

22 원통보일러 중 노통이 1개인 보일러는?

① 랭커셔 보일러　　　　　② 특수 유체 보일러
③ 코니시 보일러　　　　　④ 귀뚜라미 보일러

23 동작 순서, 위치 조건, 및 기타 정보를 주면 그 정보에 따라 작업을 하는 로봇은?

① 플레이백 로봇　　　　　② 겐트리 로봇
③ 매니플레이터　　　　　④ 앤드이펙터

24 산업용 로봇에 대한 설명으로 옳지 <u>않은</u> 것은?

① 로봇의 운동 방식으로는 직교좌표형, 원통형, 다관절형, 구형 등이 있다.
② 겐트리 로봇은 공장 바닥에 고정된 로봇이다.
③ 매니플레이터는 사람의 팔과 손목에 대응되는 운동을 하는 기구이다.
④ 앤드이펙터는 로봇의 손목 끝에 달려 있는 작업 공구를 말한다.

25 30Ω의 저항 중에 10A의 전류를 5분간 흘렸을 때, 발열량은 얼마인가?

① 216,000kcal　　② 216kcal　　③ 2,160kcal　　④ 216cal

26 공조방식의 종류로는 중앙공조방식과 개별공조방식이 있다. 다음 중 중앙공조방식이 <u>아닌</u> 것은?

① 유인유닛방식　　　　　② 복사냉난방방식
③ 단일덕트방식　　　　　④ 멀티유닛방식

27 기기나 배관의 압력이 설정압력을 초과하면 순간적으로 완전히 방출하여 압력의 상승을 방지하는 밸브는?

① 릴리프밸브   ② 체크밸브
③ 안전밸브   ④ 게이트밸브

28 로봇의 손목 끝에 달려 있는 작업공구를 엔드이펙터라고 한다. 그렇다면 엔드이펙터에 해당하지 않는 것은?

① 용접봉   ② 분무총   ③ 집게   ④ 공구

29 저항과 관련된 설명 중 옳지 <u>않은</u> 것은?

① 저항은 도체의 길이에 비례한다.
② 저항은 도체의 단면적에 반비례한다.
③ 저항은 전류가 흐르는 것을 막는 작용을 하며 단위는 옴(Ω)이다.
④ $1V$의 전압을 가하고 $1A$의 전류가 흐를 때, 도체의 저항은 1Ω이다.

30 비스뮤트 합금의 최대 연신율[%] 수치, 코발트 합금의 최대 연신율[%] 수치, 카드뮴 합금의 최대 연신율[%] 수치, 은 합금의 최대 연신율[%] 수치를 모두 더하면 그 숫자는 얼마인가?

① 3,100   ② 3,200   ③ 3,300   ④ 3,400

31 다음 중 열단형칩을 표현한 그림으로 옳은 것은?

32 배관 보온재의 구비조건으로 옳은 것을 모두 고르면 몇 개인가?

- 사용온도에 견딜 수 있고 기계적 강도가 클 것
- 흡수성이 작을 것
- 열전도율이 작을 것
- 비중이 작을 것

① 1개   ② 2개   ③ 3개   ④ 4개

33 아래 그림과 같이 4개의 기어로 구성되어 구동되는 복합기어열의 기어 1에 대한 기어 4의 각속도 비는 얼마인가? [단, N은 회전수이며 Z는 기어잇수이다. 그리고 기어 1은 N_1의 회전수로 반시계 방향으로 회전하고 있으며 N과 Z는 각각의 기어 숫자에 맞게 정해진다. 예를 들어, 기어 2의 회전 수는 N_2이며 기어 2의 잇수는 Z_2이다.]

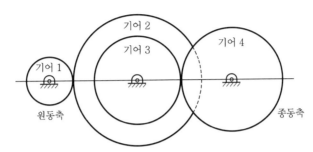

① $\dfrac{Z_1 Z_3}{Z_2 Z_4}$
② $\dfrac{Z_1 Z_4}{Z_2 Z_3}$
③ $\dfrac{Z_2 Z_3}{Z_1 Z_4}$
④ $\dfrac{Z_2 Z_4}{Z_1 Z_3}$

34 보일러에서 연소가스의 폐열을 이용하여 보일러 급수를 예열시키는 장치는?

① 절탄기(economizer)
② 과열기(super heater)
③ 공기예열기(air preheater)
④ 집진기

35 다음 중 상온에서 소성변형을 일으킨 후에 열을 가하면 원래의 모양으로 돌아가는 성질을 가진 재료는?

① 비정질합금
② 내열금속
③ 초소성재료
④ 형상기억합금

36 순철은 상온에서 체심입방격자이지만 912°C 이상에서는 면심입방격자로 변하는데 이와 같은 철의 변태는?

① 자기변태
② 동소변태
③ 변태점
④ 공석변태

37 다음 중 비소모성전극 아크용접에 해당하는 것은?

① 가스텅스텐 아크 용접(GTAW) 또는 TIG 용접
② 서브머지드 아크 용접(SAW)
③ 가스금속아크 용접(GMAW) 또는 MIG 용접
④ 피복금속아크 용접(SMAW)

38 연삭가공에 대한 설명 중 옳지 <u>않은</u> 것은?

① 숫돌의 3대 구성요소는 연삭입자, 결합제, 기공이다.
② 마모된 숫돌면의 입자를 제거함으로써 연삭능력을 회복시키는 작업을 드레싱(dressing)이라 한다.
③ 숫돌의 형상을 원래의 형상으로 복원시키는 작업을 로딩(loading)이라 한다.
④ 연삭비는 (연삭에 의해 제거된 소재의 체적)/(숫돌의 마모 체적)으로 정의된다.

39 다음은 도면상에서 나사 가공을 지시한 예이다. 각 기호에 대한 설명으로 옳지 <u>않은</u> 것은?

$4 - M8 \times 1.25$

① 4는 나사의 등급을 나타낸 것이다.
② M은 나사의 종류를 나타낸 것이다.
③ 8은 나사의 호칭지름을 나타낸 것이다.
④ 1.25는 나사의 피치를 나타낸 것이다.

40 스프링 상수가 200N/mm인 접시스프링 8개를 아래 그림과 같이 겹쳐 놓았다. 여기에 200N의 압축력(F)을 가한다면 스프링의 전체 압축량[mm]은?

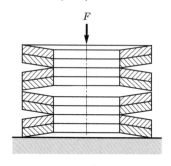

① 0.125　　　　② 1.0　　　　③ 2.0　　　　④ 8.0

01	②	02	③	03	①	04	③	05	②	06	②	07	②	08	③	09	④	10	②
11	③	12	③	13	③	14	③	15	③	16	모두 정답	17	③	18	정답 없음	19	④	20	①
21	②	22	③	23	①	24	②	25	②	26	④	27	③	28	정답 없음	29	정답 없음	30	②
31	③	32	④	33	①	34	①	35	④	36	②	37	①	38	③	39	①	40	③

01
정답 ②

[하겐-푸아죄유 식]
• 수평 원관 속의 층류 흐름에서 유량, 관경, 점성계수, 길이, 압력강하 등과 관련된 식이다.

• 하겐-푸아죄유 방정식 $Q = \dfrac{\triangle P \pi d^4}{128 \mu l}$

02
정답 ③

[노즈]
바이트 날 끝의 둥근 부분을 노즈라고 말한다.
보통 노즈의 반경은 0.8mm이다. 따라서 직경이므로 1.6mm가 답이 된다.
📎 암기법: 반팔 (반지름 0.8mm)이라고 암기하면 헷갈리지 않고 암기하기 쉽다.

03
정답 ①

사인바: 블록게이지를 사용하여 삼각함수의 sin에 의해 각도를 측정하는 기구

[사인바의 호칭 치수]
양 롤러 사이의 중심거리로 표시하며 일반적으로 100mm, 200mm가 가장 많이 사용된다.

04
정답 ③

[표면거칠기 최대 높이]
$H = \dfrac{S^2}{8R}$ [여기서, R: 노즈의 반경, S: 이송]

$H = \dfrac{S^2}{8R}$ → $H \propto \dfrac{S^2}{R} = \dfrac{4^2}{2} = 8$배

05

정답 ②

[흑연화]

시멘타이트를 분해하여 흑연을 얻는 열처리이다. 즉, 강철 속의 시멘타이트(Fe_3C)를 900~1,000℃로 장시간 가열하여 $Fe_3C \rightarrow 3Fe + C$의 반응을 통해 흑연을 얻는 열처리이다. 흑연화는 가단주철을 만들 때 많이 사용된다.

06

정답 ②

[냉각속도가 빠를 때]
- 조직이 미세화된다(강도 및 경도 증가).
- 불순물이 많아진다.
- 결정핵수가 증가한다.

[냉각속도가 느릴 때]
- 흑연화가 쉽고 경화능이 좋아진다.

07

정답 ②

복잡한 형상을 만들기 쉬운 것은 주조법의 특징이다.

[주조와 비교한 소성가공의 특징]
- 강도 및 경도가 향상된다(금속의 조직이 치밀해진다).
- 균일한 제품의 대량 생산이 가능하며 재료의 손실량을 최소화할 수 있다.
- 가공시간이 짧고 치수정밀도가 높으며 가공면이 깨끗하다.
※ 소성가공에 이용되는 재료의 성질: 가단성, 연성, 가소성

08

정답 ③

재료가 외력을 받으면 내부에 응력이 생기기 마련이다. 재료 내부의 응력 분포상태의 검사에 사용되는 방법은 광탄성시험법이다.

09

정답 ④

[펌프의 3가지 기본 사항]
유량(Q, m^3/min), 양정(H, m), 회전수(N, rpm)

10

정답 ②

[선반 주축을 중공축으로 만드는 이유]
• 무게를 감소시키기 위해
• 긴 일감의 가공을 용이하게 하기 위해
• 굽힘과 비틀림 응력의 강화를 위해

11

정답 ③

• 전효율 $\eta = \dfrac{L_p}{L_s} = \dfrac{펌프동력}{축동력} = \eta_m \eta_h \eta_v$

전효율이 1이므로 펌프동력과 축동력은 같다. 또한, 펌프동력은 유체동력, 수동력과 같은 말이다.
• L_p(수동력, 유체동력, 펌프동력) $= P$(압력)$\times Q$(토출량)

따라서, 전효율이 1일 때, 펌프동력 = 유체동력 = 축동력이 된다.

12

정답 ③

• 2사이클기관: 크랭크축 1회전(피스톤 2행정)에 1사이클을 완료하는 기관
• 4사이클기관: 크랭크축 2회전(피스톤 4행정)에 1사이클을 완료하는 기관

13

정답 ③

[내연기관의 특징]
• 충격과 진동이 심하고, 윤활 및 냉각이 힘들다.
• 큰 출력을 얻기 힘들고, 원활한 저속 운전이 힘들다.
• 자력 시동이 불가능하다.
• 열효율이 비교적 높다.

14

정답 ③

4사이클 기관은 각 행정이 확실히 구분되어, 열적부하가 작고, 체적효율이 좋으며 블로바이가 작고 실화가 작고 연료소비율이 작다.
※ 블로바이: 연소가스가 피스톤과 실린더의 틈새 또는 밸브 등을 통해 새는 현상

참고
• 4행정 사이클 디젤 기관은 가솔린 기관에 비해 높은 압축비를 필요로 하므로 체적효율이 문제가 된다. 따라서 체적효율이 높이려고 실린더로 들어오는 공기를 압축시켜 기관의 출력을 향상시키는 과급기를 이용한다.
• 2행정 사이클 디젤 기관에서는 흡입, 소기, 배기의 과정이 뚜렷하게 구별되지 않아 과급기 대신 송풍기를 설치해서 체적효율을 높인다.

15

정답 ③

[노크 방지법]

	연료착화점	착화지연	압축비	흡기온도	실린더 벽온도	흡기압력	실린더 체적	회전수
가솔린	높다	길다	낮다	낮다	낮다	낮다	작다	높다
디젤	낮다	짧다	높다	높다	높다	높다	크다	낮다

가솔린기관은 연소 말기, 디젤기관은 연소 초기에 노크가 발생한다.

16

정답 모두 정답

디젤기관은 저속 성능과 열효율이 좋고, 압축비가 높으며, 점화장치 및 기화장치 등이 없어 고장이 적다. 또한, 회전속도에 따라 토크는 일정하다. (단, 가솔린기관은 회전속도에 따라 토크가 변화된다.)
• **가솔린기관**: 흡입−압축−폭발−배기[4행정 1사이클, 공기와 연료를 함께 엔진으로 흡입]
• **디젤기관**: 혼합기 형성에서 공기만 압축한 후, 연료를 분사한다. 디젤은 공기와 연료를 따로 흡입한다.

17

정답 ③

[가솔린기관 구성]
크랭크축, 밸브, 실린더 헤드, 실린더 블록, 커넥팅 로드, 점화 플러그
※ 실린더 헤드: 실린더 블록 뒷면 덮개부분으로 밸브 및 점화 플러그 구멍이 있고 연소실 주위에는 물재킷이 있는 부분으로 재질은 주철, 알루미늄 합금주철이다.

[디젤기관 구성]
분사펌프, 공기청정기, 흡기다기관, 조속기, 크랭크 축, 분사시기 조정기(조속기는 분사량 조절)
※ 디젤기관 연료분사 3대 요건: 관통, 무화, 분포

18

정답 정답 없음

[로터리 엔진의 구성]
하우징, 로터, 고정 소기어, 내접 기어, 출력 축

[로터리 엔진의 특징]
• 구조가 간단하며 소음 및 진동이 적다.
• 소형 및 경량이며 고속회전에서 출력저하가 작다.

19

정답 ④

가솔린 기관에서 압축 행정 시 혼합기는 원래 부피의 1/7만큼 압축된다.

20

정답 ①

목재의 강도 순서: 인장강도 > 굽힘강도 > 압축강도 > 전단강도

21

정답 ②

[연소장치]

• 고체 연료 연소: 화격자

• 액체 및 기체 연료 연소: 버너

22

정답 ③

[원통보일러]

• 노통이 1개: 코니시 보일러

• 노통이 2개: 랭커셔 보일러

✓ 고온에도 압력이 낮은 식물성 기름을 사용하는 보일러는 특수유체 보일러

✓ 특수 보일러 종류: 간접가열, 폐열, 특수연료, 특수유체 보일러

23

정답 ①

플레이백 로봇: 사람이 직접 매니플레이터를 움직여서 교시한 작업 내용을 기억한 후, 그 기억정보를 토대로 제어되는 로봇이다.

24

정답 ②

① 로봇의 운동 방식: 직교좌표형, 원통형, 다관절형, 구형 등이 있다.

② 겐트리 로봇: 공장 바닥이 아닌, 프레임 위에 설치된 로봇이다.

③ 매니플레이터: 사람의 팔과 손목에 대응되는 운동을 하는 기구이다.

④ 앤드이펙터: 로봇의 손목 끝에 달려 있는 작업 공구를 말한다.

25

정답 ②

$Q = 0.24 I^2 R t$ [여기서, Q: 발열량, I: 전류, R: 저항, t: 통전시간]

$Q = 0.24 I^2 R t = 0.24 \times 10^2 \times 30 \times 5 \times 60 = 216{,}000 \mathrm{cal} = 216 \mathrm{kcal}$

전열기에 전압을 가하여 전류를 흘리면 열이 발생한다. 이것을 전류의 발열 작용이라고 한다. 이것은 전열기 내에 있는 전열선이라 불리는 비교적 큰 저항을 가지고 있는 도선에 전류가 흐를 때 열이 발생하기 때문이다. 즉, $I[\mathrm{A}]$의 전류가 저항이 $R[\Omega]$인 도체를 $t[\mathrm{s}]$ 동안 흐를 때, 그 도체에 발생하는 열에너지 Q는 $Q = 0.24 I^2 R t \,[\mathrm{cal}]$가 된다. 이것을 줄의 법칙이라고 부르고 발생하는 열을 줄열이라고 일컫는다.

참고 $1 \mathrm{kcal} = 4{,}180 \mathrm{J}$

26

정답 ④

[공조방식의 종류]
- 중앙공조방식
  - 전공기방식: 단일덕트방식, 2중덕트방식, 각층 유닛방식, 덕트병용 패키지 방식
  - 공기, 수방식(유닛병용방식): 유인유닛방식, 복사냉난방방식, 덕트병용 팬코일 유닛방식
  - 전수방식
- 개별공조방식
  - 냉매방식: 패키지방식, 멀티유닛방식, 룸쿨러방식

27

정답 ③

- 안전밸브: 작동유체가 기체일 때 사용되며, 설정압력 초과 시 순간적으로 완전히 방출하여 압력의 상승을 방지한다. 또한 설정압력 이상에서 자동으로 작동된다.
- 릴리프밸브: 작동유체가 액체일 때 사용되며, 설정압력 초과 시 서서히 방출하여 압력 상승을 억제한다. 또한 체절압력 미만에서 작동한다.

28

정답 정답 없음

- 앤드이펙터: 로봇의 손목 끝에 달려 있는 작업 공구를 말한다.
- 앤드이펙터의 예: 용접봉, 분무총, 집게, 공구 등

29

정답 정답 없음

- 저항: 전류가 흐르는 것을 막는다. 단위는 옴[Ω]이다.
- 옴의 법칙: $V = IR$ [단, V: 전압(V), I: 전류(A), R: 저항(Ω)]
- 저항은 길이에 비례하고 단면적에 반비례한다.

$$R = \rho \frac{l}{s} [\Omega] \ [단, \ l: 도체의 \ 길이, \ s: 단면적, \ \rho: 저항률]$$

30

정답 ②

[초소성 합금]
초소성은 금속이 유리질처럼 늘어나는 특수현상을 말한다. 즉, 초소성 합금은 파단에 이르기까지 수백% 이상의 큰 신장률을 발생시키는 합금이다. 초소성 현상을 나타내는 재료는 공정 및 공석조직을 나타내는 것이 많다.

[초소성을 얻기 위한 조건]
- 결정립 모양은 동축이어야 한다.
- 결정립은 미세화되어야 한다.
- 모상 입계가 인장 분리되기 어려워야 한다.
- 모상 입계는 고경각인 것이 좋다.

[초소성 합금의 종류와 최대 연신율]
- 비스뮤트 합금: 1500%
- 코발트 합금: 850%
- 은 합금: 500%
- 카드뮴 합금: 350%
- ■ 필수: 비스뮤트와 안티몬은 응고 시 팽창하는 금속이다. 그리고 비스뮤트의 비중은 9.81이며 용융점은 271.3℃도이다. 그리고 비스뮤트는 우리 말로 창연이다.

31
정답 ③

[칩의 종류]

유동형칩	전단형칩	열단형칩(경작형)	균열형칩
연성재료(연강, 구리, 알루미늄)를 고속으로 절삭할 때, 윗면경사각이 클 때, 절삭깊이가 작을 때, 유동성이 있는 절삭유를 사용할 때 발생하는 연속적이며 가장 이상적인 칩	연성재료를 저속 절삭할 때, 윗면경사각이 작을 때, 절삭깊이가 클 때 발생하는 칩	점성재료, 저속절삭, 작은 윗면경사각, 절삭깊이가 클 때 발생하는 칩	주철과 같은 취성재료를 저속 절삭으로 절삭할 때, 진동 때문에 날 끝에 작은 파손이 생겨 채터가 발생할 확률이 크다.

32
정답 ④

[보온재의 구비조건]
- 사용온도에 견딜 수 있고 기계적 강도가 클 것
- 열전도율이 작을 것, 흡수성이 작을 것, 비중이 작을 것
- 다공성일 것
- 장시간 사용해도 무리가 없을 것
- 내식성, 내구성, 내열성이 클 것

33
정답 ①

$$\frac{N_2}{N_1} \times \frac{N_4}{N_3} = \frac{Z_1}{Z_2} \times \frac{Z_3}{Z_4} \rightarrow \frac{N_4}{N_1} = \frac{Z_1 Z_3}{Z_2 Z_4}$$

34

정답 ①

절탄기: 보일러에서 나온 연소 배기가스의 남은 열로 보일러로 공급되고 있는 급수를 미리 예열하는 장치

보일러는 석탄을 태워 열을 공급한 후, 물을 데워 증기로 만들어서 그 증기로 터빈을 돌린다. 그리고 터빈과 동일축선상으로 연결된 발전기가 돌아 최종적으로 전기가 생산된다.

여기서 석탄을 태우면 연기가 발생하는데 그 연기를 배기가스라고 한다. 이 배기가스에는 황산화물, 질산화물, 미세먼지 등 각종 환경저해요소들이 포함되어 있는데, 이는 여러 환경설비(탈황설비, 탈질설비, 집진기 등)를 거치고 대기 중으로 배출된다. 석탄을 태우면 뜨거운 연소 배기가스가 배출된다. 복수기에서 나온 물(급수)을 절탄기로 보내어 석탄을 태우고 남은 배기가스와 열교환시켜 물(급수)을 미리 예열하고 보일러로 공급한다. 이 역할을 해주는 것이 바로 절탄기이다. 꼭 알아야 할 필수 내용이니 숙지하자(발전소 면접에서도 크게 도움이 될 내용).

미리 급수를 예열해서 보일러로 공급하기 때문에 물을 금방 끓일 수 있다. 라면을 찬 물에 넣고 끓이냐 VS 정수기에서 뜨거운 물을 받아 라면을 끓이냐. 후자가 물이 빨리 끓어서 라면을 더 빨리 먹을 수 있는 것과 같은 원리이다. 그래서 열효율도 좋아지고 연료소비율이 적어져서 환경적으로 긍정적인 역할을 하는 장치라고 볼 수 있다.

[화력발전소 연돌(굴뚝)에서 나오는 배기가스 사진]

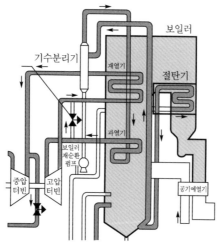

[화력발전소 계통도]

35

[형상기억합금]
- 특정 온도에서의 모양을 기억하는 합금으로 변형이 된 후, 열을 가하면 원래의 모양으로 되돌아가는 성질을 가지고 있다.
- 온도, 응력에 의존되어 생성되는 마텐자이트 변태를 일으킨다.
  - 우주선의 안테나, 치열 교정기, 안경 프레임, 급유관의 이음쇠 등에 사용한다.
  - 소재의 회복력을 이용하여 용접 또는 납땜이 불가능한 것을 연결하는 이음쇠로도 사용 가능하다.

36

체심입방격자에서 면심입방격자로 변했다는 것은 원자의 배열이 변했다는 것을 의미하고 이러한 변태는 동소변태이다.

자기변태	원자의 배열이 없이 오직 자기적 성질만 변하는 변태이다. • 자기변태하는 대표적 금속: Ni, Co, Fe • 각 금속의 자기변태 온도: Ni(3587°C), Co(1,150°C), Fe(768°C) → 니켈(Ni)은 자신의 자기변태 온도인 358°C 이상으로 가열되면 자기변태하여 강자성체에서 상자성체로 변합니다.
동소변태	원자의 배열이 바뀌는 변태이다. • 동소변태하는 대표적 금속: Fe, Co, Sn, Ti, Zr, Ce(철코주티지르세)

위의 내용은 반드시 알아야 한다. 표에서 보는 것처럼 니켈(Ni)은 자기변태만 하는 금속임을 알 수 있다. 문제에서 "다음 중 자기변태만 하는 금속은?"이라고 나오면 "니켈(Ni)"를 선택하자.

37

불활성가스아크용접의 종류에는 MIG와 TIG가 있다.
MIG는 M은 Metal, 즉 금속을 의미한다. 금속은 보통 가격이 싼 금속을 사용한다. 따라서 MIG용접은 전극을 소모시켜 모재의 접합 사이에 흘러들어가 접합 매개체의 역할을 한다. 따라서 MIG용접의 경우는 와이어(Wire) 전극이 소모되므로 연속적으로 공급해야만 한다. 다음 그림처럼 MIG나 TIG나 용접 주위에 아르곤이나 헬륨 등을 뿌려 대기 중의 산소나 질소가 용접부에 접촉 반응하는 것을 막아주는 방어막 역할을 한다. 따라서 산화물 및 질화물 등을 방지할 수 있다. 아르곤이나 헬륨 등의 불활성가스가 용제의 역할을 해주기 때문에 불활성가스아크용접은 용제가 필요없다.

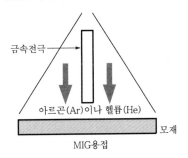

MIG용접

TIG에서 T는 Tungsten, 즉 텅스텐을 의미한다. 고가의 텅스텐 전극은 비소모성 전극으로 MIG용접에서의 금속 전극처럼 용접봉의 역할을 하지 못한다. 따라서 별도로 사선으로 용가재(용접봉)을 공급하면서 용접을 진행해야 한다.

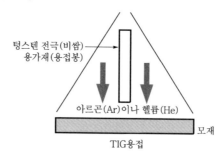

텅스텐 전극(비쌈)
용가재(용접봉)

아르곤(Ar)이나 헬륨(He)

모재

TIG용접

38

정답 ③

- **트루잉**: 나사나 기어를 연삭가공하기 위해 숫돌의 형상을 처음 형상으로 고치는 작업으로 일명 "모양 고치기"라고 한다.
- **글레이징(눈무딤)**: 숫돌입자가 탈락하지 않고 마멸에 의해 납작해지는 현상을 말한다.
- **로딩(눈메움)**: 연삭가공으로 발생한 칩이 기공에 끼는 현상을 말한다.
- **드레싱**: 로딩, 글레이징 등의 현상으로 무뎌진 연삭입자를 재생시키는 방법이다. 즉, 드레서라는 공구로 숫돌표면을 가공하여 자생작용시켜 새로운 연삭입자가 표면으로 나오게 하는 방법이다.

39

정답 ①

- 4: 나사의 개수
- M: 미터나사
- 8: 나사의 호칭지름(바깥지름)
- 1.25: 나사의 피치

→ 가끔 유효지름, 호칭지름, 바깥지름 등을 혼동하는 수험자가 많다.

공기업 실제 시험에서 출제자가 수험자를 낚으려고 가장 많이 내는 것이 호칭지름, 유효지름이다.

- 유효지름은 골지름과 바깥지름 합의 평균값이다.
- 바깥지름은 호칭지름과 같은 의미이다. 헷갈리지 않기 위해서 "호칭(바깥)" = "호빠"를 생각하자.

40

[접시스프링]

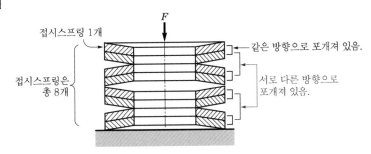

- 같은 방향으로 포개져 있으면 병렬연결이다.
- 서로 다른 반대 방향으로 포개져 있으면 직렬연결이다.
  → 위 그림을 해석해보면 ㄷ자 검은색 부분 총 4개는 서로 같은 방향으로 포개져 있으므로 병렬 연결을 하고 있다.

[스프링 직렬/병렬 연결 시 등가스프링상수 구하는 방법]

- 직렬 연결: $\dfrac{1}{k_e} = \dfrac{1}{k_1} + \dfrac{1}{k_2} + \dfrac{1}{k_3} \cdots$

- 병렬 연결: $k_e = k_1 + k_2 + k_3 \cdots$

ㄷ자 쌍은 병렬연결이므로 등가스프링 상수(k_e)를 구하면,

병렬연결은 각각의 스프링상수를 그냥 더해주면 된다. $k_e = 200 + 200$

즉, ㄷ자 쌍의 등가스프링 상수(k_e)는 400N/mm

ㄷ자 쌍은 총 4개가 있고 그 4개 각각의 등가스프링 상수(k_e)가 400N/mm이다.

그리고 ㄷ자 쌍 총 4개는 서로 서로 반대 방향으로 포개져 있으므로 ㄷ자 쌍 4개는 직렬연결을 하고 있다.

ㄷ자 쌍 4개는 직렬연결이므로 등가스프링 상수(k_e)를 구하면,

$\dfrac{1}{k_e} = \dfrac{1}{k_1} + \dfrac{1}{k_2} + \dfrac{1}{k_3} + \dfrac{1}{k_4}$ 로 구할 수 있습니다.

$\dfrac{1}{k_e} = \dfrac{1}{400} + \dfrac{1}{400} + \dfrac{1}{400} + \dfrac{1}{400} = \dfrac{4}{400}$ 이므로 $k_e = 100$N/mm로 도출되며 이것이 위 스프링 전체의

등가스프링 상수가 된다.

$F = k_e \delta$ [단, δ: 변형량]

→ 200N = (100N/mm)(δ)이므로 δ(변형량): 2mm로 도출된다.
- 선형스프링: 코일스프링
- 비선형스프링: 원판스프링, 접시스프링 (비원접)
  ↑ 선형, 비선형스프링의 종류도 반드시 숙지하자.

Truth of Machine

부록

꼭 알아야 할 필수 내용

1 기계 위험점 6가지

① 절단점
회전하는 운동부 자체, 운동하는 기계 부분 자체의 위험점(날, 커터)

② 물림점
회전하는 2개의 회전체에 물려 들어가는 위험점(롤러기기)

③ 협착점
왕복 운동 부분과 고정 부분 사이에 형성되는 위험점(프레스, 창문)

④ 끼임점
고정 부분과 회전하는 부분 사이에 형성되는 위험점(연삭기)

⑤ 접선 물림점
회전하는 부분의 접선 방향으로 물려 들어가는 위험점(밸트−풀리)

⑥ 회전 말림점
회전하는 물체에 머리카락이나 작업봉 등이 말려 들어가는 위험점

2 기호

• 밸브 기호

▷◁	일반밸브	▷◁	게이트밸브
▷◤	체크밸브	▷	체크밸브
▷⊗◁	볼밸브	▷●◁	글로브밸브
▷◁	안전밸브	△	앵글밸브
⊗	팽창밸브	▷○◁	일반 콕

• 배관 이음 기호

──┼──	나사 이음	──╫──	플랜지 이음
──●──	용접 이음	──╫╫──	유니온 이음

3 신축 이음

관 속 유체의 온도 변화에 따라 배관이 열팽창 또는 수축하는데, 이를 흡수하기 위해 신축 이음을 설치한다. 따라서 직선 길이가 긴 배관에서는 배관의 도중에 일정 길이마다 신축 이음쇠를 설치한다.

❖ 신축 이음의 종류

① 슬리브형(미끄러짐형): 단식과 복식이 있고 물, 증기, 가스, 기름, 공기 등의 배관에 사용한다. 이음쇠 본체와 슬리브 파이프로 구성되어 있으며, 관의 팽창 및 수축은 본체 속을 미끄러지는 이음쇠 파이프에 의해 흡수된다. 특징으로는 신축량이 크고, 신축으로 인한 응력이 발생하지 않는다. 직선 이음으로 설치 공간이 작다. 배관에 곡선 부분이 있으면 신축 이음재에 비틀림이 생겨 파손의 원인이 된다. 장시간 사용 시 패킹재의 마모로 누수의 원인이 된다.

② 벨로우즈형(팩레스 이음): 벨로우즈의 변형으로 신축을 흡수한다. 설치 공간이 작고 자체 응력 및 누설이 없다는 특징이 있다. 보통 벨로우즈의 재질은 부식이 되지 않는 황동이나 스테인리스강을 사용한다. 고온 배관에는 부적당하다.

③ 루프형(신축 곡관형): 고온, 고압의 옥외 배관에 사용하는 신축 곡관으로 강관 또는 동관을 루프 모양으로 구부려 배관의 신축을 흡수한다. 즉, 관 자체의 가요성을 이용한 것이다. 설치 공간이 크고, 고온 고압의 옥외 배관에 많이 사용한다. 자체 응력이 발생하지만, 누설이 없다. 곡률 반경은 관경의 6배이다.

④ 스위블형: 증기, 온수 난방에 주로 사용하는 스위블형은 2개 이상의 엘보를 사용하여 이음부 나사의 회전을 이용해 신축을 흡수한다. 쉽게 설치할 수 있고, 굴곡부에 압력이 강하게 생긴다. 신축성이 큰 배관에는 누설 염려가 있다.

⑤ 볼조인트형: 증기, 물, 기름 등의 배관에서 사용되는 볼조인트형은 볼조인트 신축 이음쇠와 오프셋 배관을 이용해서 관의 신축을 흡수한다. 2차원 평면상의 변위와 3차원 입체적인 변위까지 흡수하고, 어떤 형태의 변위에도 배관이 안전하고 설치 공간이 작다.

⑥ 플랙시블 튜브형: 가요관이라고 하며, 배관에서 진동 및 신축을 흡수한다. 구체적으로 플렉시블 튜브는 인청동 및 스테인리스강의 가늘고 긴 벨로즈의 바깥을 탄성력이 풍부한 철망, 구리망 등으로 피복하여 보강한 것으로, 배관 중 편심이 심하거나 진동을 흡수할 목적으로 사용된다.

❖ 신축 허용 길이가 큰 순서

루프형 > 슬리브형 > 벨로우즈형 > 스위블형

4 관 이음쇠 종류

① 관을 도중에서 분기할 때

> Y배관, 티, 크로스티

② 배관 방향을 전환할 때

> 엘보, 밴드

③ 같은 지름의 관을 직선 연결할 때

> 소켓, 니플, 플랜지, 유니온

④ 이경관을 연결할 때

> 이경티, 이경엘보, 부싱, 레듀셔

※ 이경관: 지름이 서로 다른 관과 관을 접속하는 데 사용하는 관 이음쇠

⑤ 관의 끝을 막을 때

> 플러그, 캡

⑥ 이종 금속관을 연결할 때

> CM어댑터, SUS소켓, PB소켓, 링 조인트 소켓

5 수격 현상(워터 헤머링)

배관 속 유체의 흐름을 급히 차단시켰을 때 유체의 운동에너지가 압력에너지로 전환되면서 배관 내에 탄성파가 왕복하게 된다. 이에 따라 배관이 파손될 수 있다.

❖ 원인
- 펌프가 갑자기 정지될 때

- 급히 밸브를 개폐할 때

- 정상 운전 시 유체의 압력에 변동이 생길 때

❖ 방지
- 관로의 직경을 크게 한다.

- 관로 내의 유속을 낮게 한다(유속은 1.5~2m/s로 보통 유지).

- 관로에서 일부 고압수를 방출한다.

- 조압 수조를 관선에 설치하여 적정 압력을 유지한다.
  (부압 발생 장소에 공기를 자동적으로 흡입시켜 이상 부압을 경감한다.)

- 펌프에 플라이 휠을 설치하여 펌프의 속도가 급격하게 변화하는 것을 막는다.
  (관성을 증가시켜 회전수와 관 내 유속의 변화를 느리게 한다.)

- 펌프 송출구 가까이에 밸브를 설치한다.
  (펌프 송출구에 수격을 방지하는 체크밸브를 달아 역류를 막는다.)

- 에어챔버를 설치하여 축적하고 있는 압력에너지를 방출한다.

- 펌프의 속도가 급격히 변하는 것을 방지한다(회전체의 관성 모멘트를 크게 한다.).

6 공동 현상(캐비테이션)

펌프의 흡입측 배관 내의 물의 정압이 기존의 증기압보다 낮아져서 기포가 발생되는 현상으로, 펌프와 흡수면 사이의 수직 거리가 너무 길 때 관 속을 유동하고 있는 물속의 어느 부분이 고온일수록 포화 증기압에 비례하여 상승할 때 발생한다.

• 소음과 진동 발생, 관 부식, 임펠러 손상, 펌프의 성능 저하를 유발한다.

• 양정 곡선과 효율 곡선의 저하, 깃의 침식, 펌프 효율 저하, 심한 충격을 발생시킨다.

❖ 방지

• 실양정이 크게 변동해도 토출량이 과대하게 증가하지 않도록 주의한다.

• 스톱밸브를 지양하고, 슬루스밸브를 사용하며, 펌프의 흡입 수두를 작게 한다.

• 유속을 3.5m/s 이하로 유지시키고, 펌프의 설치 위치를 낮춘다.

• 마찰 저항이 작은 흡입관을 사용하여 흡입관 손실을 줄인다.

• 펌프의 임펠러 속도(회전수)를 작게 한다(흡입 비교 회전도를 낮춘다.).

• 펌프의 설치 위치를 수원보다 낮게 한다.

• 양흡입 펌프를 사용한다(펌프의 흡입측을 가압한다.).

• 관 내 물의 정압을 그때의 증기압보다 높게 한다.

• 흡입관의 구경을 크게 하며, 배관을 완만하고 짧게 한다.

• 펌프를 2개 이상 설치한다.

• 유압 회로에서 기름의 정도는 800ct를 넘지 않아야 한다.

• 압축 펌프를 사용하고, 회전차를 수중에 완전히 잠기게 한다.

맥동 현상(서징 현상)

펌프, 송풍기 등이 운전 중 한숨을 쉬는 것과 같은 상태가 되어 펌프인 경우 입구와 출구의 진공계, 압력계의 지침이 흔들리고 동시에 송출 유량이 변화하는 현상이다. 즉, 송출 압력과 송출 유량 사이에 주기적인 변동이 발생하는 현상이다.

❖ 원인

• 펌프의 양정 곡선이 산고 곡선이고, 곡선의 산고 상승부에서 운전했을 때

• 배관 중에 수조가 있을 때 또는 기체 상태의 부분이 있을 때

• 유량 조절 밸브가 탱크 뒤쪽에 있을 때

• 배관 중에 물탱크나 공기탱크가 있을 때

❖ 방지

• 바이패스 관로를 설치하여 운전점이 항상 우향 하강 특성이 되도록 한다.

• 우향 하강 특성을 가진 펌프를 사용한다.

• 유량 조절 밸브를 기체 상태가 존재하는 부분의 상류에 설치한다.

• 송출측에 바이패스를 설치하여 펌프로 송출한 물의 일부를 흡입측으로 되돌려 소요량만큼 전방으로 송출한다.

8 축 추력

단흡입 회전차에 있어 전면 측벽과 후면 측벽에 작용하는 정압에 차이가 생기기 때문에 축 방향으로 힘이 작용하게 된다. 이것을 축 추력이라고 한다.

❖ 축 추력 방지법

• 양흡입형의 회전차를 사용한다.

• 평형공을 설치한다

• 후면 측벽에 방사상의 리브를 설치한다.

• 스러스트베어링을 설치하여 축추력을 방지한다.

• 다단 펌프에서는 단수만큼의 회전차를 반대 방향으로 배열하여 자기 평형시킨다.

• 평형 원판을 사용한다.

9 증기압

어떤 물질이 일정한 온도에서 열평형 상태가 되는 증기의 압력

• 증기압이 클수록 증발하는 속도가 빠르다.

• 분자의 운동이 커지면 증기압이 증가한다.

• 증기 분자의 질량이 작을수록 큰 증기압을 나타내는 경향이 있다.

• 기압계에 수은을 이용하는 것이 적합한 이유는 증기압이 낮기 때문이다.

• 쉽게 증발하는 휘발성 액체는 증기압이 높다.

• 증기압은 밀폐된 용기 내의 액체 표면을 탈출하는 증기의 양이 액체 속으로 재침투하는 증기의
  양과 같을 때의 압력이다.

• 유동하는 액체 내부에서 압력이 증기압보다 낮아지면 액체가 기화하는 공동 현상이 발생한다.

• 액체의 온도가 상승하면 증기압이 증가한다.

• 증발과 응축이 평형상태일 때의 압력을 포화증기압이라고 한다.

10 냉동 능력, 미국 냉동톤, 제빙톤, 냉각톤, 보일러 마력

① 냉동 능력

　단위 시간에 증발기에서 흡수하는 열량을 냉동 능력[kcal/hr]
　• 냉동 효과: 증발기에서 냉매 1kg이 흡수하는 열량
　• 1냉동톤(냉동 능력의 단위): 0도의 물 1톤을 24시간 이내에 0도의 얼음으로 바꾸는 데 제거
　　해야 할 열량 및 그 능력

② 1USRT

　32°F의 물 1톤(2,000lb)을 24시간 동안에 32°F의 얼음으로 만드는 데 제거해야 할 열량 및 그
　능력
　• 1미국 냉동톤(USRT): 3,024kcal/hr

③ 제빙톤

　25°C의 물 1톤을 24시간 동안에 −9°C의 얼음으로 만드는 데 제거해야 할 열량 또는 그 능력
　(열손실은 20%로 가산한다)
　• 1제빙톤: 1.65RT

④ 냉각톤

　냉동기의 냉동 능력 1USRT당 응축기에서 제거해야 할 열량으로, 이때 압축기에서 가하는 엔
　탈피를 860kcal/hr라고 가정한다.
　• 1 CRT: 3,884kcal/hr

⑤ 1보일러 마력

　100°C의 물 15.65kg을 1시간 이내에 100°C의 증기로 만드는 데 필요한 열량
　• 100°C의 물에서 100°C의 증기까지 만드는 데 필요한 증발 잠열: 539kcal/kg
　• 1보일러 마력: $539 \times 15.65 = 8435.35$kcal/hr

❖ 용빙조: 얼음을 약간 녹여 탈빙하는 과정
❖ 얼음의 융해열: 0°C 물 → 0°C 얼음 또는 0°C 얼음 → 0°C 물 (79.68kcal/kg)

11 열전달 방법

두 물체의 온도가 평형이 될 때까지 고온에서 저온으로 열이 이동하는 현상이 열전달이다.

전도

물체가 접촉되어 있을 때 온도가 높은 물체의 분자 운동이 충돌이라는 과정을 통해 분자 운동이 느린 분자를 빠르게 운동시킨다. 즉, 열이 물체 속을 이동하는 일이다. 결국 고체 속 분자들의 충돌로 열을 전달시킨다(열전도도 순서는 고체, 액체, 기체의 순으로 작게 된다.).

• 고체 물체 내에서 발생하는 유일한 열전달이며, 고체, 액체, 기체에서 모두 발생할 수 있다.
• 철봉 한쪽을 가열하면 반대쪽까지 데워지는 것을 전도라고 한다.
• 매개체인 고체 물질, 즉 매질이 있어야 열이 이동할 수 있다.
• $Q=KA\left(\dfrac{dT}{dx}\right)$ (단, x: 벽 두께, K: 열전도계수, dT: 온도차)

대류

물질이 열을 가지고 이동하여 열을 전달하는 것이다.

• 라면을 끓일 때 냄비의 물을 가열하는 것, 방 안의 공기가 뜨거워지는 것
• 액체 또는 기체 상태의 물질이 열을 받으면 운동이 빨라지고 부피가 팽창하여 밀도가 작아진다. 상대적으로 가벼워지면서 상승하고, 반대로 위에 있던 물질은 상대적으로 밀도가 커 내려오는 현상을 말한다. 즉, 대류의 원인은 밀도차이다.
• $Q=hA(T_w-T_f)$ (단, h: 열대류 계수, A: 면적, T_w: 벽 온도, T_f: 유체의 온도)

복사

전자기파에 의해 열이 매질을 통하지 않고 고온 물체에서 저온 물체로 직접 열이 전달되는 현상이다. 그리고 온도차가 클수록 이동하는 열이 크다.

• 액체나 기체라는 매질 없이 바로 열만 이동하는 현상
• 태양열이 대표적 예이며, 태양열은 공기라는 매질 없이 지구에 도달한다. 즉, 우주 공간은 공기가 존재하지 않지만 지구의 표면까지 도달한다.

❖ 보온병의 원리

• 열을 차단하여 보온병의 물질 온도를 유지시킨다. 즉, 단열이다(열 차단).
• 열을 차단하여 단열한다는 것은 전도, 대류, 복사를 모두 막는 것이다.
① 보온병 속 유리로 된 이중벽이 진공 상태를 유지하므로 대류로 인한 열 출입이 없다.
② 유리병의 고정 지지대는 단열 물질로 만들어져 있다.
③ 보온병 내부는 은도금을 하여 복사에 의한 열을 최대한 줄인다.
④ 보온병의 겉부분은 금속이나 플라스틱 재질로 열전도율을 최소화시킨다.
⑤ 보온병의 마개는 단열 재료로 플라스틱 재질을 사용한다.

12 무차원 수

레이놀즈 수	관성력 / 점성력	누셀 수	대류계수 / 전도계수
프루드 수	관성력 / 중력	비오트 수	대류열전달 / 열전도
마하 수	속도 / 음속, 관성력 / 탄성력	슈미트 수	운동량계수 / 물질전달계수
코시 수	관성력 / 탄성력	스토크 수	중력 / 점성력
오일러 수	압축력 / 관성력	푸리에 수	열전도 / 열저장
압력계 수	정압 / 동압	루이스 수	열확산계수 / 질량확산계수
스트라홀 수	진동 / 평균속도	스테판 수	현열 / 잠열
웨버 수	관성력 / 표면장력	그라쇼프스	부력 / 점성력
프란틀 수	소산 / 전도 운동량전달계수 / 열전달계수	본드 수	중력 / 표면장력

- 레이놀즈 수
  층류와 난류를 구분해 주는 척도(파이프, 잠수함, 관 유동 등의 역학적 상사에 적용)

- 프루드 수
  자유 표면을 갖는 유동의 역학적 상사 시험에서 중요한 무차원 수
  (수력 도약, 개수로, 배, 댐, 강에서의 모형 실험 등의 역학적 상사에 적용)

- 마하 수
  풍동 실험의 압축성 유동에서 중요한 무차원 수

- 웨버 수
  물방울의 형성, 기체─액체 또는 비중이 서로 다른 액체─액체의 경계면, 표면 장력, 위어, 오리피스에서 중요한 무차원 수

- 레이놀즈 수와 마하 수
  펌프나 송풍기 등 유체 기계의 역학적 상사에 적용하는 무차원 수

- 그라쇼프 수
  온도 차에 의한 부력이 속도 및 온도 분포에 미치는 영향을 나타내거나 자연 대류에 의한 전열 현상에 있어서 매우 중요한 무차원 수

- 레일리 수
  자연 대류에서 강도를 판별해 주거나 유체층 속에서 열대류가 일어나는지의 여부를 결정해 주는 매우 중요한 무차원 수

하중의 종류, 피로 한도, KS 규격별 기호

❖ 하중의 종류

① 사하중(정하중): 크기와 방향이 일정한 하중
② 동하중(활하중)

- 연행 하중: 일련의 하중(등분포 하중), 기차 레일이 받는 하중
- 반복 하중(편진 하중): 반복적으로 작용하는 하중
- 교번 하중(양진 하중): 하중의 크기와 방향이 계속 바뀌는 하중(가장 위험한 하중)
- 이동 하중: 작용점이 계속 바뀌는 하중(움직이는 자동차)
- 충격 하중: 비교적 짧은 시간에 갑자기 작용하는 하중
- 변동 하중: 주기와 진폭이 바뀌는 하중

❖ 피로 한도에 영향을 주는 요인

① 노치 효과: 재료에 노치를 만들면 피로나 충격과 같은 외력이 작용할 때 집중응력이 발생하여 파괴되기 쉬운 성질을 갖게 된다.
② 치수 효과: 취성 부재의 휨 강도, 인장 강도, 압축 강도, 전단 강도 등이 부재 치수가 증가함에 따라 저하되는 현상이다.
③ 표면 효과: 부재의 표면이 거칠면 피로 한도가 저하되는 현상이다.
④ 압입 효과: 노치의 작용과 내부 응력이 원인이며, 강압 끼워맞춤 등에 의해 피로 한도가 저하되는 현상이다.

❖ KS 규격별 기호

KS A	KS B	KS C	KS D
일반	기계	전기	금속
KS F	KS H	KS W	
토건	식료품	항공	

14 충돌

❖ 반발 계수에 대한 기본 정의

• 반발 계수: 변형의 회복 정도를 나타내는 척도이며, 0과 1 사이의 값이다.

• 반발 계수$(e) = \dfrac{\text{충돌 후 상대 속도}}{\text{충돌 전 상대 속도}} = -\dfrac{V_1' - V_2'}{V_1 - V_2} = \dfrac{V_2' - V_1'}{V_1 - V_2}$

$$\begin{pmatrix} V_1: \text{충돌 전 물체 1의 속도, } V_2: \text{충돌 전 물체 2의 속도} \\ V_1': \text{충돌 후 물체 1의 속도, } V_2': \text{충돌 후 물체 2의 속도} \end{pmatrix}$$

❖ 충돌의 종류

• 완전 탄성 충돌$(e=1)$
 충돌 전후 전체 에너지가 보존된다. 즉, 충돌 전후의 운동량과 운동에너지가 보존된다.
 (충돌 전후 질점의 속도가 같다.)

• 완전 비탄성 충돌(완전 소성 충돌, $e=0$)
 충돌 후 반발되는 것이 전혀 없이 한 덩어리가 되어 충돌 후 두 질점의 속도는 같다. 즉, 충돌 후 상대 속도가 0이므로 반발 계수가 0이 된다. 또한, 전체 운동량은 보존되지만, 운동에너지는 보존되지 않는다.

• 불완전 탄성 충돌(비탄성 충돌, $0 < e < 1$)
 운동량은 보존되지만, 운동에너지는 보존되지 않는다.

15 열역학 법칙

❖ **열역학 제0법칙 [열평형 법칙]**

물체 A가 B와 서로 열평형 상태에 있다. 그리고 B와 C의 물체도 각각 서로 열평형 상태에 있다. 따라서 결국 A, B, C 모두 열평형 상태에 있다고 볼 수 있다.

❖ **열역학 제1법칙 [에너지 보존 법칙]**

고립된 계의 에너지는 일정하다는 것이다. 에너지는 다른 것으로 전환될 수 있지만 생성되거나 파괴될 수는 없다. 열역학적 의미로는 내부 에너지의 변화가 공급된 열에 일을 빼준 값과 동일하다는 말과 같다. 열역학 제1법칙은 제1종 영구 기관이 불가능함을 보여준다.

❖ **열역학 제2법칙 [에너지 변환의 방향성 제시]**

어떤 닫힌계의 엔트로피가 열적 평형 상태에 있지 않다면 엔트로피는 계속 증가해야 한다는 법칙이다. 닫힌계는 점차 열적 평형 상태에 도달하도록 변화한다. 즉, 엔트로피를 최대화하기 위해 계속 변화한다. 열역학 제2법칙은 제2종 영구 기관이 불가능함을 보여준다.

❖ **열역학 제3법칙**

어떤 방법으로도 어떤 계를 절대 온도 0K로 만들 수 없다. 즉, 카르노 사이클 효율에서 저열원의 온도가 0K라면 카르노 사이클 기관의 열효율은 100%가 된다. 하지만 절대 온도 0K는 존재할 수 없으므로 열효율 100%는 불가능하다. 즉, 절대 온도가 0K에 가까워지면, 계의 엔트로피도 0에 가까워진다.

❖ **열역학 제4법칙**

온사게르의 상반 법칙이라고 한다. 즉, 작용이 있으면 반작용이 있다는 것으로, 빛과 그림자에 대한 이야기를 말한다.

이 문제집을 풀면서 **열역학 법칙**에 관해 나온 모든 표현들을

꼭 이해하고 **암기**하길 바랍니다.

기타

❖ SI 기본 단위

차원	길이	무게	시간	전류	온도	몰질량	광도
단위	meter	kilogram	second	Ampere	Kelvin	mol	candella
표시	m	kg	s	A	K	mol	cd

❖ 단위의 지수

지수	10^{-24}	10^{-21}	10^{-18}	10^{-15}	10^{-12}	10^{-9}	10^{-6}	10^{-3}	10^{-2}	10^{-1}	10^{0}
접두사	yocto	zepto	atto	fento	pico	nano	micro	mili	centi	deci	
기호	y	z	a	f	p	n	μ	m	c	d	
지수	10^{1}	10^{2}	10^{3}	10^{6}	10^{9}	10^{12}	10^{15}	10^{18}	10^{21}	10^{24}	
접두사	deca	hecto	kilo	mega	giga	tera	peta	exa	zetta	yotta	
기호	da	h	k	M	G	T	P	E	Z	Y	

❖ 온도계의 예

현상	상태 변화	온도계 종류
복사 현상	열복사량	파이로미터(복사 온도계)
물질 상태 변화	물리적 및 화학적 상태	액정 온도계
형상 변화	길이 팽창, 체적 팽창	바이메탈, 이상기체, 유리막대 온도계
전기적 성질 변화	전기 저항 및 기전력	열전대, 서미스터, 저항 온도계

❖ 시스템의 종류

	경계를 통과하는 질량	경계를 통과하는 에너지 / 열과 일
밀폐계(폐쇄계)	×	○
고립계(절연계)	×	×
개방계	○	○

02 Q&A 질의응답

피복제가 정확히 무엇인가요?

용접봉은 심선과 피복제(Flux)로 구성되어 있습니다. 그리고 피복제의 종류는 가스 발생식, 반가스 발생식, 슬래그 생성식이 있습니다.

우선, 용접입열이 가해지면 피복제가 녹으면서 가스 연기가 발생하게 됩니다. 그리고 그 연기가 용접하고 있는 부분을 덮어 대기 중으로부터의 산소와 질소로부터 차단해 주는 역할을 합니다. 따라서 산화물 또는 질화물이 발생하는 것을 방지해 줍니다. 또한, 대기 중으로부터 차단하여 용접 부분을 보호하고, 연기가 용접입열이 빠져나가는 것을 막아 주어 용착 금속의 냉각 속도를 지연시켜 급냉을 방지해 줍니다.

그리고 피복제가 녹아서 생긴 액체 상태의 물질을 용제라고 합니다. 이 용제도 용접부를 덮어 대기 중으로부터 보호하기 때문에 불순물이 용접부에 함유되는 것을 막아 용접 결함이 발생하는 것을 막아 주게 됩니다.

불활성 가스 아크 용접은 아르곤과 헬륨을 용접하는 부분 주위에 공급하여 대기로부터 보호합니다. 즉, 아르곤과 헬륨이 피복제의 역할을 하기 때문에 용제가 필요 없는 것입니다.

※ 용가제: 용접봉과 같은 의미로 보면 됩니다.
※ 피복제의 역할: 탈산 정련 작용, 전기 절연 작용, 합금 원소 첨가, 슬래그 제거, 아크 안정, 용착 효율을 높인다, 산화·질화 방지, 용착 금속의 냉각 속도 지연 등

Q 주철의 특징들을 어떻게 이해하면 될까요?

A

- 주철의 탄소 함유량 2.11~6.68%부터 시작하겠습니다.

- 탄소 함유량이 2.11~6.68% 이상이므로 용융점이 낮습니다. 우선 순철일수록 원자의 배열이 질서정연하기 때문에 녹이기 어렵습니다. 따라서 상대적으로 탄소 함유량이 많은 주철은 용융점이 낮아 녹이기 쉬워 유동성이 좋고, 이에 따라 주형 틀에 넣고 복잡한 형상으로 주조 가능합니다. 그렇기 때문에 주철이 주물 재료로 많이 사용되는 것입니다. 또한, 주철은 담금질, 뜨임, 단조가 불가능합니다. (📝 암기: ㄷㄷㄷ ×)

- 탄소 함유량이 많으므로 강, 경도가 큰 대신 취성이 발생합니다. 즉, 인성이 작고 충격값이 작습니다. 따라서 단조 가공 시 헤머로 타격하게 되면 취성에 의해 깨질 위험이 있습니다. 또한, 취성이 있어 가공이 어렵습니다. 가공은 외력을 가해 특정한 모양을 만드는 공정이므로 주철은 외력에 의해 깨지기 쉽기 때문입니다.

- 주철 내의 흑연이 절삭유의 역할을 하므로 주철은 절삭유를 사용하지 않으며, 절삭성이 우수합니다.

- 압축 강도가 우수하여 공작기계의 베드, 브레이크 드럼 등에 사용됩니다.

- 마찰 저항이 우수하며, 마찰차의 재료로 사용됩니다.

- 위에 언급했지만, 탄소 함유량이 많으면 취성이 발생하므로 해머로 두들겨서 가공하는 단조는 외력을 가하는 것이기 때문에 깨질 위험이 있어 단조가 불가능합니다. 그렇다면 단조를 가능하게 하려면 어떻게 해야 할까요? 취성을 줄이면 됩니다. 즉 인성을 증가시키거나 재질을 연화시키는 풀림 처리를 하면 됩니다. 따라서 가단 주철을 만들면 됩니다. 가단 주철이란 보통 주철의 여리고 약한 인성을 개선하기 위해 백주철을 장시간 풀림처리하여 시멘타이트를 소실시켜 연성과 인성을 확보한 주철을 말합니다.

※ 단조를 가능하게 하려면 "가단[단조를 가능하게] 주철을 만들어서 사용하면 됩니다."

마찰차의 원동차 재질이 종동차 재질보다 연한 재질인 이유가 무엇인가요?

마찰차는 직접 전동 장치, 직접적으로 동력을 전달하는 장치입니다.
즉, 원동차는 모터(전동기)로부터 동력을 받아 그 동력을 종동차에 전달합니다.

마찰차의 원동차를 연한 재질로 설계를 해야 모터로부터 과부하의 동력을 받았을 때 연한 재질로써 과부하에 의한 충격을 흡수할 수 있습니다. 만약 경한 재질이라면, 흡수보다는 마찰차가 파손되는 손상을 입거나 베어링에 큰 무리를 주게 됩니다.

결국, 원동차를 연한 재질로 만들어 마찰계수를 높이고 위와 같은 과부하에 의한 충격 등을 흡수하게 됩니다.

또한, 연한 재질뿐만 아니라 마찰차는 이가 없는 원통 형상의 원판을 회전시켜 동력을 전달하는 것이기 때문에 미끄럼이 발생합니다. 이 미끄럼에 의해 과부하에 의한 다른 부분의 손상을 방지할 수도 있다는 점을 챙기면 되겠습니다.

마찰차에서 축과 베어링 사이의 마찰이 커서 동력 손실과 베어링 마멸이 큰 이유는 무엇인가요?

원동차에 연결된 모터가 원동차에 공급하는 에너지를 100이라고 가정하겠습니다. 마찰차는 이가 없이 마찰로 인해 동력을 전달하는 직접 전동 장치이므로 미끄럼이 발생하게 됩니다. 따라서 동력을 전달하는 과정 중에 미끄럼으로 인한 에너지 손실이 발생할텐데, 그 손실된 에너지를 50이라고 가정하겠습니다. 이 손실된 에너지 50이 축과 베어링 사이에 전달되어 축과 베어링 사이의 마찰이 커지게 되고 이에 따라 베어링에 무리를 주게 됩니다.

※ 이가 없는 모든 전동 장치들은 통상적으로 대부분 미끄럼이 발생합니다.
※ 이가 있는 전동 장치(기어 등)는 이와 이가 맞물리기 때문에 미끄럼 없이 일정한 속비를 얻을 수 있습니다.

Q 로딩(눈메움) 현상에 대해 궁금합니다.

A

로딩이란 기공이나 입자 사이에 연삭 가공에 의해 발생된 칩이 끼는 현상입니다. 따라서 연삭 숫돌의 표면이 무뎌지므로 연삭 능률이 저하되게 됩니다. 이를 개선하려면 드레서 공구로 드레싱을 하여 숫돌의 자생 과정을 시켜 새로운 예리한 숫돌 입자가 표면에 나올 수 있도록 유도하면 됩니다. 그렇다면, 로딩 현상의 원인을 알아보도록 하겠습니다.

김치찌개를 드시고 있다고 가정하겠습니다. 너무 맛있게 먹었기 때문에 이빨 틈새에 고춧가루가 끼겠습니다. '이빨 사이의 틈새=입자들의 틈새'라고 보시면 됩니다.

이빨 틈새가 크다면 고춧가루가 끼지 않고 쉽게 통과하여 지나갈 것입니다. 하지만 이빨 사이의 틈새가 좁은 사람이라면, 고춧가루가 한 번 끼면 잘 빼지지도 않아 이쑤시개로 빼야 할 것입니다. 이것이 로딩입니다. 따라서 로딩은 조직이 미세하거나 치밀할 때 발생하게 됩니다. 또한, 원주 속도가 느릴 경우에는 입자 사이에 낀 칩이 잘 빠지지 않습니다. 원주 속도가 빨라야 입자 사이에 낀 칩이 원심력에 의해 밖으로 빠져나가 분리가 잘 되겠죠?

그리고 조직이 미세 또는 치밀하다는 것은 경도가 높다는 것과 동일합니다. 즉, 연삭 숫돌의 경도가 높을 때입니다. 실제 시험에서 공작물(일감)의 경도가 높을 때라고 보기에 나온 적이 있습니다. 틀린 보기입니다. 숫돌의 경도>공작물의 경도일 때 로딩이 발생하게 되니 꼭 알아두세요.

또한, 연삭 깊이가 너무 크다. 생각해 보겠습니다. 연삭 숫돌로 연삭하는 깊이가 크다면 일감 깊숙이 파고 들어가 연삭하므로 숫돌 입자와 일감이 접촉되는 부분이 커집니다. 따라서 접촉 면적이 커진만큼 숫돌 입자가 칩에 노출되는 환경이 훨씬 커집니다. 다시 말해 입자 사이에 칩이 낄 확률이 더 커진다는 의미와 같습니다.

글레이징(눈 무딤) 현상에 대해 궁금합니다.

글레이징이란 입자가 탈락하지 않고 마멸에 의해 납작해지는 현상을 말합니다. 입자가 탈락해야 자생 과정을 통해 예리한 새로운 입자가 표면으로 나올텐데, 글레이징이 발생하면 입자가 탈락하지 않아 자생 과정이 발생하지 않으므로 숫돌 입자가 무뎌져 연삭 가공을 진행하는 데 있어 효율이 저하됩니다.

그렇다면 글레이징의 원인은 어떻게 될까요? 총 3가지가 있습니다.

① 원주 속도가 빠를 때
② 결합도가 클 때
③ 숫돌과 일감의 재질이 다를 때(불균일할 때)

원주 속도가 빠르면 숫돌의 결합도가 상승하게 됩니다.
원주 속도가 빠르면 숫돌의 회전 속도가 빠르다는 것, 결국 빠르면 빠를수록 숫돌을 구성하고 있는 입자들은 원심력에 의해 밖으로 튕겨져 나가려고 할 것입니다. 이러한 과정이 발생하면서 입자와 입자들이 서로 밀착하게 되고, 이에 따라 조직이 치밀해지게 됩니다.
따라서 원주 속도가 빠르다 → 입자들이 치밀 → 결합도 증가

결합도는 자생 과정과 가장 관련이 있습니다. 자생 과정이란 입자가 무뎌지면 자연스럽게 입자가 탈락하고 벗겨지면서 새로운 입자가 표면에 등장하는 것입니다. 결합도가 크다면 연삭 숫돌이 단단하여 자생 과정이 잘 발생하지 않습니다. 즉, 입자가 탈락하지 않고 계속적으로 마멸에 의해 납작해져서 글레이징 현상이 발생하게 되는 것입니다.

Q

열간 가공에 대한 특징이 궁금합니다.

A

열간 가공은 재결정 온도 이상에서 가공하는 것이기 때문에 재결정을 시키고 가공하는 것을 말합니다. 재결정을 시켰다는 것은 새로운 결정핵이 생성되었다는 것을 말합니다. 새로운 결정핵은 크기도 작고 매우 무른 상태이기 때문에 강도가 약합니다. 따라서 연성이 우수한 상태이므로 가공도가 커지게 되며 가공 시간이 빨라지므로 열간 가공은 대량 생산에 적합합니다.

또한, 새로운 결정핵(작은 미세한 결정)이 발생했다는 것 자체를 조직의 미세화 효과가 있다고 말합니다. 따라서 냉간 가공은 조직 미세화라는 표현이 맞고, 열간 가공은 조직 미세화 효과라는 표현이 맞습니다. 그리고 재결정 온도 이상으로 장시간 유지하면 새로운 신결정이 성장하므로 결정립이 커지게 됩니다. 이것을 조대화라고 보며, 성장하면서 배열을 맞추므로 재질의 균일화라고 표현합니다.

Q

열간 가공이 냉간 가공보다 마찰계수가 큰 이유가 무엇인가요?

A

책에 동전을 올려두고 서서히 경사를 증가시킨다고 가정합니다. 어느 순간 동전이 미끄러질텐데, 이때의 각도가 바로 마찰각입니다. 열간 가공은 높은 온도에서 가공하므로 일감 표면이 산화가 발생하여 표면이 거칩니다. 따라서 동전이 미끄러지는 순간의 경사각이 더 클 것입니다. 즉, 마찰각이 크기 때문에 아래 식에 의거하여 마찰계수도 커지게 됩니다.

$\mu = \tan \rho$ (단, μ: 마찰계수, ρ: 마찰각)

영구 주형의 가스 배출이 불량한 이유는 무엇인가요?

금속형 주형을 사용하기 때문에 표면이 차갑습니다. 따라서 급냉이 되므로 용탕에서 발생된 가스가 주형에서 배출되기 전에 급냉으로 인해 응축되어 가스 응축액이 생깁니다. 따라서 가스 배출이 불량하며, 이 가스 응축액이 용탕 내부로 흡입되어 결함을 발생시킬 수 있으며, 내부가 거칠게 되는 것입니다.

압축 잔류 응력이 피로 한도와 피로 수명을 증가시키는 이유가 무엇인가요?

잔류 응력이란 외력을 가한 후 제거해도 재료 표면에 남아 있게 되는 응력을 말합니다. 잔류 응력의 종류에는 인장 잔류 응력과 압축 잔류 응력 2가지가 있습니다.

인장 잔류 응력은 재료 표면에 남아 표면의 조직을 서로 바깥으로 당기기 때문에 표면에 크랙을 유발할 수 있습니다.

반면에 압축 잔류 응력은 표면의 조직을 서로 밀착시키기 때문에 조직을 강하게 만듭니다. 따라서 압축 잔류 응력이 피로 한도와 피로 수명을 증가시킵니다.

숏피닝에서 압축 잔류 응력이 발생하는 이유는 무엇인가요?

숏피닝은 작은 강구를 고속으로 금속 표면에 분사합니다. 이때 표면에 충돌하게 되면 충돌 부위에 변형이 생기고, 그 강도가 일정 에너지를 넘게 되면 변형이 회복되지 않는 소성 변형이 일어나게 됩니다. 이 변형층과 충돌 영향을 받지 않는 금속 내부와 힘의 균형을 맞추기 위해 표면에는 압축 잔류 응력이 생성되게 됩니다.

냉각쇠의 역할, 냉각쇠를 주물 두께가 두꺼운 곳에 설치하는 이유, 주형 하부에 설치하는 이유는 각각 무엇인가요?

냉각쇠는 주물 두께에 따른 응고 속도 차이를 줄이기 위해 사용합니다. 어떤 주물을 주형에 넣어 냉각시키는 데 있어 주물 두께가 다른 부분이 있다면, 두께가 얇은 쪽이 먼저 응고되면서 수축하게 됩니다. 따라서 그 부분은 쇳물의 부족으로 인해 수축공이 발생하게 됩니다. 따라서 주물 두께가 두꺼운 부분에 냉각쇠를 설치하여 두꺼운 부분의 응고 속도를 증가시킵니다. 결국, 주물 두께 차이에 따른 응고 속도를 줄일 수 있으므로 수축공을 방지할 수 있습니다.

또한, 냉각쇠는 종류로는 핀, 막대, 와이어가 있으며, 주형보다 열흡수성이 좋은 재료를 사용합니다. 그리고 고온부와 저온부가 동시에 응고되도록 또는 두꺼운 부분과 얇은 부분이 동시에 응고되도록 하는 목적으로 설치하는 것임을 다시 설명드리겠습니다.

그리고 마지막으로 가장 중요한 것으로 냉각쇠(chiller)는 가스 배출을 고려하여 주형의 상부보다는 하부에 부착해야 합니다. 만약, 상부에 부착한다면 가스는 주형 위로 배출되려고 하다가 상부에 부착된 냉각쇠에 의해 빠르게 냉각되면서 응축하여 가스액이 되고, 그 가스액이 주물 내부로 떨어져 결함을 발생시킬 수 있습니다.

리벳 이음은 경합금과 같이 용접이 곤란한 접합에 유리하다고 알고 있습니다. 그렇다면 경합금이 용접이 곤란한 이유가 무엇인가요?

경합금은 일반적으로 철과 비교했을 때 열팽창 계수가 매우 큽니다. 그렇기 때문에 용접을 하게 된다면, 뜨거운 용접 입열에 의해 열팽창이 매우 크게 발생할 것입니다. 즉, 경합금을 용접하면 열팽창 계수가 매우 크기 때문에 열적 변형이 발생할 가능성이 큽니다. 따라서 경합금과 같은 재료는 용접보다는 리벳 이음을 활용해야 신뢰도가 높습니다.

그리고 한 가지 더 말씀드리면 알루미늄을 예로 생각해보겠습니다. 용접할 때 가열하면 금방 순식간에 녹아버릴 수 있습니다. 따라서 용접 온도를 적정하게 잘 맞춰야 하는데, 이것 또한 매우 어려운 일이므로 경합금과 같은 재료는 용접이 곤란합니다.

물론, 경합금이 용접이 곤란한 것이지 불가능한 것은 아닙니다. 노하우를 가진 숙련공들이 같은 용접 속도로 서로 반대 대칭되어 신속하게 용접하면 팽창에 의한 변형이 서로 반대에서 상쇄되므로 용접을 할 수 있습니다.

Q 터빈의 단열 효율이 증가하면 건도가 감소하는 이유가 무엇인가요?

A

우선, 터빈의 단열 효율이 증가한다는 것은 터빈의 팽창일이 증가하는 것을 의미합니다.

T−S선도에서 터빈 구간의 일이 증가한다는 것은 2~3번 구간의 길이가 늘어난다는 것을 의미합니다. 길이가 늘어남에 따라 T−S선도 상의 면적은 증가하게 될 것입니다.

T−S선도에서 면적은 열량을 의미합니다. 보일러에 공급하는 열량은 일정하기 때문에 면적도 그 전과 동일해야 합니다.

2~3번 구간의 길이가 늘어나 면적이 늘어난 만큼, 열량이 동일해야 하므로 2~3번 구간은 좌측으로 이동하게 될 것입니다. 이에 따라 3번 터빈 출구점은 습증기 구간에 들어가 건도가 감소하게 되며, 습분이 발생하여 터빈 깃이 손상됩니다.

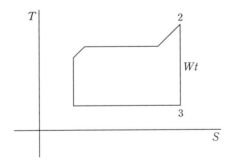

공기의 비열비가 온도가 증가할수록 감소하는 이유는 무엇인가요?

우선, 비열비＝정압 비열/정적 비열입니다.

※ **정적 비열**: 정적하에서 완전 가스 1kg을 1℃ 올리는 데 필요한 열량

온도가 증가할수록 기체의 분자 운동이 활발해져 기체의 부피가 늘어나게 됩니다.

부피가 작은 상태보다 부피가 큰 상태일 때, 열을 가해 온도를 올리기가 더 어려울 것입니다. 따라서 동일한 부피하에서 1℃ 올리는 데 더 많은 열량이 필요하게 됩니다. 즉, 온도가 증가할수록 부피가 늘어나고 늘어난 만큼 온도를 올리기 어렵기 때문에 더 많은 열량이 필요하다는 것입니다. 이 말은 정적 비열이 증가한다는 의미입니다.

따라서 비열비는 정압 비열/정적 비열이므로 온도가 증가할수록 감소합니다.

정압 비열에 상관없이 상대적으로 정적 비열의 증가분에 의한 영향이 더 크다고 보시면 되겠습니다.

Q

냉매의 구비 조건을 이해하고 싶습니다.

A

❖ 냉매의 구비 조건

① 증발 압력이 대기압보다 크고, 상온에서도 비교적 저압에서 액화될 것
② 임계 온도가 높고, 응고온도가 낮을 것, 비체적이 작을 것
★③ 증발 잠열이 크고, 액체의 비열이 작을 것(자주 문의되는 조건)
④ 불활성으로 안전하며, 고온에서 분해되지 않고, 금속이나 패킹 등 냉동기의 구성 부품을 부식, 변질, 열화시키지 않을 것
⑤ 점성이 작고, 열전도율이 좋으며, 동작 계수가 클 것
⑥ 폭발성, 인화성이 없고, 악취나 자극성이 없어 인체에 유해하지 않을 것
⑦ 표면 장력이 작고, 값이 싸며, 구하기 쉬울 것

③ 증발 잠열이 크고, 액체의 비열이 작을 것

우선 냉매란 냉동 시스템 배관을 돌아다니면서 증발, 응축의 상변화를 통해 열을 흡수하거나 피냉각체로부터 열을 빼앗아 냉동시키는 역할을 합니다. 구체적으로 증발기에서 실질적 냉동의 목적이 이루어집니다.

냉매는 피냉각체로부터 열을 빼앗아 냉매 자신은 증발이 되면서 피냉각체의 온도를 떨어뜨립니다. 즉, 증발 잠열이 커야 피냉각체(공기 등)으로부터 열을 많이 흡수하여 냉동의 효과가 더욱 증대되게 됩니다. 그리고 액체 비열이 작아야 응축기에서 빨리 열을 방출하여 냉매 가스가 냉매액으로 응축됩니다. 각 구간의 목적을 잘 파악하면 됩니다.

※ 비열: 어떤 물질 1kg을 1℃ 올리는 데 필요한 열량
※ 증발 잠열: 온도의 변화 없이 상변화(증발)하는 데 필요한 열량

Q 펌프 효율과 터빈 효율을 구할 때, 이론과 실제가 반대인 이유가 무엇인가요?

A

펌프 효율 $\eta_p = \dfrac{\text{이론적인 펌프일}(W_p)}{\text{실질적인 펌프일}(W_{p'})}$

터빈 효율 $\eta_t = \dfrac{\text{실질적인 터빈일}(W_{t'})}{\text{이론적인 터빈일}(W_t)}$

우선, 효율은 100% 이하이기 때문에 분모가 더 큽니다.

① 펌프는 외부로부터 전력을 받아 운전됩니다.
이론적으로 펌프에 필요한 일이 100이라고 가정하겠습니다. 이론적으로는 100이 필요하지만, 실제 현장에서는 슬러지 등의 찌꺼기 등으로 인해 배관이 막히거나 또는 임펠러가 제대로 된 회전을 할 수 없을 때도 있습니다. 따라서 유체를 송출하기 위해서는 더 많은 전력이 소요될 것입니다. 즉, 이론적으로는 100이 필요하지만 실제 상황에서는 여러 악조건이 있기 때문에 100보다 더 많은 일이 소요되게 됩니다. 결국, 펌프의 효율은 위와 같이 실질적인 펌프일이 분모로 가게 되어 효율이 100% 이하로 도출되게 됩니다.

② 터빈은 과열 증기가 터빈 블레이드를 때려 팽창일을 생산합니다.
이론적으로는 100이라는 팽창일이 얻어지겠지만, 실제 상황에서는 배관의 손상으로 인해 증기가 누설될 수 있어 터빈 출력에 영향을 줄 수 있습니다. 이러한 이유 등으로 인해 실제 터빈일은 100보다 작습니다. 결국, 터빈의 효율은 위와 같이 이론적 터빈일이 분모로 가게 되어 효율이 100% 이하로 도출되게 됩니다.

Q 체인 전동은 초기 장력을 줄 필요가 없다고 하는데, 그 이유가 무엇인가요?

A 우선 벨트 전동과 관련된 초기 장력에 대해 알아보도록 하겠습니다.

벨트 전동에서 동력 전달에 필요한 충분한 마찰을 얻기 위해 정지하고 있을 때 미리 벨트에 장력을 주고 이 상태에서 풀리를 끼웁니다. 이때 준 장력이 초기 장력입니다.

벨트 전동을 하기 전에 미리 장력을 줘야 탱탱한 벨트가 되고, 이에 따라 벨트와 림 사이에 충분한 마찰력을 얻어 그 마찰로 동력을 전달할 수 있습니다.

참고 초기 장력 $= \dfrac{T_t(\text{긴장측 장력}) + T_s(\text{이완측 장력})}{2}$

※ **유효 장력**: 동력 전달에 꼭 필요한 회전력
참고 유효 장력 $= T_t(\text{긴장측 장력}) - T_s(\text{이완측 장력})$

하지만 체인 전동은 초기 장력을 줄 필요가 없어 정지 시에 장력이 작용하지 않고 베어링에도 하중이 작용하지 않습니다. 그 이유는 벨트는 벨트와 림 사이에 발생하는 마찰력으로 동력을 전달하기 때문에 정지 시에 미리 벨트가 탱탱하도록 만들어 마찰을 발생시키기 위해 초기 장력을 가하지만 체인 전동은 스프로킷 휠과 링크가 서로 맞물려서 동력을 전달하기 때문에 초기 장력을 줄 필요가 없습니다. 따라서 동력 전달 방법의 방식이 다르기 때문입니다. 또한, 체인 전동은 스프로킷 휠과 링크가 서로 맞물려 동력을 전달하므로 미끄럼이 없고, 일정한 속비도 얻을 수 있습니다.

02 Q&A 질의응답

실루민이 시효 경화성이 없는 이유가 무엇인가요?

❖ 실루민
• Al-Si계 합금
• 공정 반응이 나타나고, 절삭성이 불량하며, 시효 경화성이 없다.

❖ 실루민이 시효 경화성이 없는 이유
일반적으로 구리(Cu)는 금속 내부의 원자 확산이 잘 되는 금속입니다. 즉, 장시간 방치해도 구리가 석출되어 경화가 됩니다. 따라서 구리가 없는 Al-Si계 합금인 실루민은 시효 경화성이 없습니다.

Tip 구리가 포함된 합금은 대부분 시효 경화성이 있다고 보면 됩니다.

※ 시효 경화성이 있는 것: 황동, 강, 두랄루민, 라우탈, 알드레이, Y합금 등

Q 직류 아크 용접에서 자기 불림 현상이 발생하는 이유가 무엇인가요?

A 자기 불림(Arc blow)은 아크 쏠림 현상을 말합니다. 보통 직류 아크 용접에서 발생하는 현상입니다.

그 이유는 전류가 흐르는 도체 주변에는 용접 전류 때문에 아크 주위에 자계가 발생합니다. 이 자계가 용접봉에 비대칭 되어 아크가 특정한 한 방향으로 쏠리는 불안정한 현상이 자기 불림 현상입니다.

결국 자계가 용접 일감의 모양이나 아크의 위치에 관련하여 비대칭이 되어 아크가 특정한 한 방향으로 쏠려 불안정하게 됩니다.

간단하게 요약하자면, 자기 불림은 직류 아크 용접에서 많이 발생되며, 교류는 +, - 위 아래로 파장이 있어 아크가 한 방향으로 쏠리지 않습니다.

따라서 자기 불림 현상을 방지하려면 대표적으로 교류를 사용하면 됩니다.

02 Q&A 질의응답

지금까지 오픈 채팅방과 블로그를 통해 가장 많이 받았던 질문들로 구성하였습니다.

암기가 아닌 **이해**와 **원리**를 통해 공부하면 더욱더 재미있고

직무면접에서도 큰 도움이 될 것입니다!

03 3역학 공식 모음집

1 재료역학 공식

① 전단 응력, 수직 응력

$\tau = \dfrac{P_s}{A}$, $\sigma = \dfrac{P}{A}$ (P_s: 전단 하중, P: 수직 하중)

② 전단 변형률

$\gamma = \dfrac{\lambda_s}{l}$ (λ_s: 전단 변형량)

③ 수직 변형률

$\varepsilon = \dfrac{\Delta l}{l}$, $\varepsilon' = \dfrac{\Delta D}{D}$ (Δl: 세로 변형량, ΔD: 가로 변형량)

④ 푸아송의 비

$\mu = \dfrac{\varepsilon'}{\varepsilon} = \dfrac{\Delta l \cdot D}{l \cdot \Delta D} = \dfrac{1}{m}$ (m: 푸아송 수)

⑤ 후크의 법칙

$\sigma = E \times \varepsilon$, $\tau = G \times \gamma$ (E: 종탄성 계수, G: 횡탄성 계수)

⑥ 길이 변형량

$\lambda_s = \dfrac{P_s l}{AG}$, $\Delta l = \dfrac{Pl}{AE}$ (λ_s: 전단 하중에 의한 변형량, Δl: 수직 하중에 의한 변형량)

⑦ 단면적 변형률

$\varepsilon_A = 2\mu\varepsilon$

⑧ 체적 변형률

$$\varepsilon_v = \varepsilon(1-2\mu)$$

⑨ 탄성 계수의 관계

$$mE = 2G(m+1) = 3K(m-2)$$

⑩ 두 힘의 합성

$$F = \sqrt{F_1^{\,2} + F_2^{\,2} + 2F_1F_2 \cos\theta}$$

⑪ 세 힘의 합성(라미의 정리)

$$\frac{F_1}{\sin\theta_1} = \frac{F_2}{\sin\theta_2} = \frac{F_3}{\sin\theta_3}$$

⑫ 응력 집중

$$\sigma_{\max} = \alpha \times \sigma_n \ (\alpha: \text{응력 집중 계수}, \ \sigma_n: \text{공칭 응력})$$

⑬ 응력의 관계

$$\sigma_\omega \leq \sigma_\sigma = \frac{\sigma_u}{S} \ (\sigma_\omega: \text{사용 응력}, \ \sigma_\sigma: \text{허용 응력}, \ \sigma_u: \text{극한 응력})$$

⑭ 병렬 조합 단면의 응력

$$\sigma_1 = \frac{PE_1}{A_1E_1 + A_2E_2}, \ \sigma_2 = \frac{PE_2}{A_1E_1 + A_2E_2}$$

⑮ 자중을 고려한 늘음량

$$\delta_\omega = \frac{\gamma l^2}{2E} = \frac{\omega l}{2AE} \ (\gamma: \text{비중량}, \ \omega: \text{자중})$$

⑯ 충격에 의한 응력과 늘음량

$$\sigma = \sigma_0\left\{1 + \sqrt{1 + \frac{2h}{\lambda_0}}\right\}, \ \lambda = \lambda_0\left\{1 + \sqrt{1 + \frac{2h}{\lambda_0}}\right\} \ (\sigma_0: \text{정적 응력}, \ \lambda_0: \text{정적 늘음량})$$

⑰ 탄성 에너지

$$u = \frac{\sigma^2}{2E}, \ U = \frac{1}{2}P\lambda = \frac{\sigma^2 Al}{2E}$$

⑱ 열응력

$$\sigma = E\varepsilon_{th} = E \times \alpha \times \Delta T \ (\varepsilon_{th}: \text{열변형률}, \ \alpha: \text{선팽창 계수})$$

⑲ 얇은 회전체의 응력

$$\sigma_y = \frac{\gamma v^2}{g} \ (\gamma: \text{비중량}, \ v: \text{원주 속도})$$

⑳ 내압을 받는 얇은 원통의 응력

$$\sigma_y = \frac{PD}{2t}, \ \sigma_x = \frac{PD}{4t} \ (P: \text{내압력}, \ D: \text{내경}, \ t: \text{두께})$$

㉑ 단순 응력 상태의 경사면 전단 응력

$$\tau = \frac{1}{2}\sigma_x \sin 2\theta$$

㉒ 단순 응력 상태의 경사면 전단 응력

$$\sigma_n = \sigma_x \cos^2 \theta$$

㉓ 2축 응력 상태의 경사면 전단 응력

$$\tau = \frac{1}{2}(\sigma_x - \sigma_y)\sin 2\theta$$

㉔ 2축 응력 상태의 경사면 수직응력

$$\sigma_n' = \frac{1}{2}(\sigma_x + \sigma_y) + \frac{1}{2}(\sigma_x - \sigma_y)\cos 2\theta$$

㉕ 평면 응력 상태의 최대, 최소 주응력

$$\sigma_{1,2} = \frac{1}{2}(\sigma_x + \sigma_y) \pm \frac{1}{2}\sqrt{(\sigma_x - \sigma_y)^2 + 4\tau^2}$$

㉖ 토크와 전단 응력의 관계

$$T = \tau \times Z_p = \tau \times \frac{\pi d^3}{16}$$

㉗ 토크와 동력과의 관계

$$T = 716.2 \times \frac{H}{N} \,[\text{kg} \cdot \text{m}] \,\text{단}, \, H[\text{PS}]$$

$$T = 974 \times \frac{H'}{N} \,[\text{kg} \cdot \text{m}] \,\text{단}, \, H'[\text{kW}]$$

㉘ 비틀림각

$$\theta = \frac{TL}{GI_p} \,[\text{rad}] \,(G: \text{횡탄성 계수})$$

㉙ 굽힘에 의한 응력

$$M = \sigma Z, \, \sigma = E\frac{y}{\rho}, \, \frac{1}{\rho} = \frac{M}{EI} = \frac{\sigma}{Ee} \,(\rho: \text{주름 반경}, \, e: \text{중립축에서 끝단까지 거리})$$

㉚ 굽힘 탄성 에너지

$$U = \int \frac{M_x^2 dx}{2EI}$$

㉛ 분포 하중, 전단력, 굽힘 모멘트의 관계

$$\omega = \frac{dF}{dx} = \frac{d^2 M}{dx^2}$$

㉜ 처짐 곡선의 미분 방정식

$$EIy'' = -M_x$$

㉝ 면적 모멘트법

$$\theta = \frac{A_m}{E}, \, \delta = \frac{A_m}{E}\overline{x}$$

$(\theta: \text{굽힘각}, \, \delta: \text{처짐량}, \, A_m: \text{BMD의 면적}, \, \overline{x}: \text{BMD의 도심까지의 거리})$

㉞ 스프링 지수, 스프링 상수

$C = \dfrac{D}{d}$, $K = \dfrac{P}{\delta}$ (D: 평균 지름, d: 소선의 직각 지름, P: 하중, δ: 처짐량)

㉟ 등가 스프링 상수

$\dfrac{1}{K_{eq}} = \dfrac{1}{K_1} + \dfrac{1}{K_2}$ ➡ 직렬 연결

$K_{eq} = K_1 + K_2$ ➡ 병렬 연결

㊱ 스프링의 처짐량

$\delta = \dfrac{8PD^3 n}{Gd^4}$ (G: 횡탄성 계수, n: 감김 수)

㊲ 3각 판스프링의 응력과 늘음량

$\sigma = \dfrac{6Pl}{nbh^2}$, $\delta_{max} = \dfrac{6Pl^3}{nbh^3 E}$ (n: 판의 개수, b: 판목, E: 종탄성 계수)

㊳ 겹판 스프링의 응력과 늘음량

$\eta = \dfrac{3Pl}{2nbh^2}$, $\delta_{max} = \dfrac{3P'l^3}{8nbh^3 E}$

㊴ 핵반경

원형 단면 $a = \dfrac{d}{8}$, 사각형 단면 $a = \dfrac{b}{6}$, $\dfrac{h}{6}$

㊵ 편심 하중을 받는 단주의 최대 응력

$\sigma_{max} = \dfrac{P}{A} + \dfrac{M}{Z}$

㊶ 오일러(Euler)의 좌굴 하중 공식

$P_B = \dfrac{n\pi^2 EI}{l^2}$ (n: 단말 계수)

㊷ 세장비

$$\lambda = \frac{l}{K} \ (l: 기둥의 길이) \qquad K = \sqrt{\frac{I}{A}} \ (K: 최소 회전 반경)$$

㊸ 좌굴 응력

$$\sigma_B = \frac{P_B}{A} = \frac{n\pi^2 E}{\lambda^2}$$

❖ 평면의 성질 공식 정리

	공식	표현	도형의 종류		
			사각형	중심축	중공축
단면 1차 모멘트	$\bar{y} = \dfrac{A_1 y_1 + A_2 y_2}{A_1 + A_2}$ $\bar{x} = \dfrac{A_1 x_1 + A_2 x_2}{A_1 + A_2}$	$Q_y = \int x\, dA$ $Q_x = \int y\, dA$	$\bar{y} = \dfrac{h}{2}$ $\bar{x} = \dfrac{b}{2}$	$\bar{y} = \bar{x} = \dfrac{d}{2}$	내외경 비 $x = \dfrac{d_1}{d_2}$ $(d_1: 내경, \ d_2: 외경)$
단면 2차 모멘트	$K_x = \sqrt{\dfrac{I_x}{A}}$ $K_y = \sqrt{\dfrac{I_y}{A}}$	$I_x = \int y^2\, dA$ $I_y = \int x^2\, dA$	$I_x = \dfrac{bh^3}{12}$ $I_y = \dfrac{bh^3}{12}$	$I_x = I_y$ $= \dfrac{\pi d^4}{64}$	$I_x = I_y$ $= \dfrac{\pi d_2^{\,4}}{64}(1 - x^4)$
극단면 2차 모멘트	$I_p = I_x + I_y$	$I_p = \int r^2\, dA$	$I_p = \dfrac{bh}{12}(b^2 + h^2)$	$I_p = \dfrac{\pi d^4}{32}$	$I_p = \dfrac{\pi d_2^{\,4}}{32}(1 - x^4)$
단면 계수	$Z = \dfrac{M}{\sigma_b}$	$Z = \dfrac{I_x}{e_x}$	$Z_x = \dfrac{bh^2}{6}$ $Z_y = \dfrac{bh^2}{6}$	$Z_x = Z_y$ $= \dfrac{\pi d^3}{32}$	$Z_x = Z_y$ $= \dfrac{\pi d_2^{\,3}}{32}(1 - x^4)$
극단면 계수	$Z_p = \dfrac{T}{\tau_a}$	$Z_p = \dfrac{I_p}{e_p}$	—	$Z_p = \dfrac{\pi d^4}{16}$	$Z_p = \dfrac{\pi d_2^{\,3}}{16}(1 - x^4)$

❖ 보의 정리

보의 종류	반력	최대 굽힘 모멘트 $M_{\max}$	최대 굽힘각 $\theta_{\max}$	최대 처짐량 $\delta_{\max}$
	–	M_0	$\dfrac{M_0 l}{EI}$	$\dfrac{M_0 l^2}{2EI}$
	$R_b = P$	Pl	$\dfrac{Pl^2}{2EI}$	$\dfrac{Pl^3}{3EI}$
	$R_b = \omega l$	$\dfrac{\omega l^2}{2}$	$\dfrac{\omega l^3}{6EI}$	$\dfrac{\omega l^4}{8EI}$
	$R_a = R_b = \dfrac{M_0}{l}$	M_0	$\theta_A = \dfrac{M_0 l}{3EI}$ $\theta_B = \dfrac{M_0 l}{6EI}$	$x = \dfrac{l}{\sqrt{3}}$일 때 $\dfrac{M_0 l^2}{9\sqrt{3} EI}$
	$R_a = R_b = \dfrac{P}{2}$	$\dfrac{Pl}{4}$	$\dfrac{Pl^2}{16EI}$	$\dfrac{Pl^3}{48EI}$
	$R_a = \dfrac{Pb}{l}$ $R_b = \dfrac{Pa}{l}$	$\dfrac{Pab}{l}$	$\theta_A = \dfrac{Pab(l+b)}{6lEI}$ $\theta_B = \dfrac{Pab(l+a)}{6lEI}$	$\delta_c = \dfrac{Pa^2 b^2}{3lEI}$
	$R_a = R_b = \dfrac{\omega l}{2}$	$\dfrac{\omega l^2}{8}$	$\dfrac{\omega l^3}{24EI}$	$\dfrac{5\omega l^4}{384EI}$
	$R_a = \dfrac{\omega l}{6}$ $R_b = \dfrac{\omega l}{3}$	$\dfrac{\omega l^2}{9\sqrt{3}}$	–	–

보의 종류	반력	최대 굽힘 모멘트 $M_{\max}$	최대 굽힘각 $\theta_{\max}$	최대 처짐량 $\delta_{\max}$
	$R_a = \dfrac{5P}{16}$ $R_b = \dfrac{11P}{16}$	$M_B = M_{\max}$ $= \dfrac{3}{16}Pl$	$-$	$-$
	$R_a = \dfrac{3\omega l}{8}$ $R_b = \dfrac{5\omega l}{8}$	$\dfrac{9\omega l^2}{128}$, $x = \dfrac{5l}{8}$일 때	$-$	$-$
	$R_a = \dfrac{Pb^2}{l^3}(3a+b)$	$M_A = \dfrac{Pb^2 a}{l^2}$ $M_B = \dfrac{Pa^2 b}{l^2}$	$a=b=\dfrac{l}{2}$일 때 $\dfrac{Pl^2}{64EI}$	$a=b=\dfrac{l}{2}$일 때 $\dfrac{Pl^3}{192EI}$
	$R_a = R_b = \dfrac{\omega l}{2}$	$M_a = M_b = \dfrac{\omega l^2}{12}$ 중간 단의 모멘트 $= \dfrac{\omega l^2}{24}$	$\dfrac{\omega l^3}{125EI}$	$\dfrac{\omega l^4}{384EI}$
	$R_a = R_b = \dfrac{3\omega l}{16}$ $R_c = \dfrac{5\omega l}{8}$	$M_c = \dfrac{\omega l^2}{32}$	$-$	$-$

03　3역학 공식 모음집

2 열역학 공식

① 열역학 0법칙, 열용량

$Q = Gc\Delta T$ (G: 중량 또는 질량, c: 비열, ΔT: 온도차)

② 온도 환산

$C = \dfrac{5}{9}(F-32)$

$T(\text{K}) = T(℃) + 273.15$

$T(\text{R}) = T(\text{F}) + 460$

③ 열량의 단위

$1\,\text{kcal} = 3.968\,\text{BTU} = 2.205\,\text{CHU} = 4.1867\,\text{kJ}$

④ 비열의 단위

$\left[\dfrac{1\,\text{kcal}}{\text{kg} \cdot ℃}\right] = \left[\dfrac{1\,\text{BTU}}{\text{lb} \cdot ℉}\right] = \left[\dfrac{1\,\text{CHU}}{\text{lb} \cdot ℃}\right]$

⑤ 평균 비열, 평균 온도

$C_m = \dfrac{1}{T_2 - T_1}\int C dT$, $T_m = \dfrac{m_1 C_1 T_1 + m_2 C_2 T_2}{m_1 C_1 + m_2 C_2}$

⑥ 일과 열의 관계

$Q = AW$ (A: 일의 열 상당량 $= 1\,\text{kcal}/427\,\text{kgf} \cdot \text{m}$)

$W = JQ$ (J: 열의 일 상당량 $= 1/A$)

⑦ 동력과 열량과의 관계

$1\,\text{Psh} = 632.3\,\text{kcal}$, $1\,\text{kWh} = 860\,\text{kcal}$

⑧ 열역학 1법칙의 표현

$\delta q = du + Pdv = C_p dT + \delta W = dh + vdP = C_p dT + \delta Wt$

⑨ 열효율

$$\eta = \frac{\text{정미 출력}}{\text{저위 발열량} \times \text{연료 소비율}}$$

⑩ 완전 가스 상태 방정식

$PV = mRT$ (P: 절대 압력, V: 체적, m: 질량, R: 기체 상수, T: 절대 온도)

⑪ 엔탈피

$H = U + pv = $ 내부 에너지 + 유동 에너지

⑫ 정압 비열(C_p), 정적 비열(C_v)

$$C_p = \frac{kR}{k-1}, \ C_v = \frac{R}{k-1}$$

비열비 $k = \dfrac{C_p}{C_v}$, 기체 상수 $R = C_p - C_v$

⑬ 혼합 가스의 기체 상수

$$R = \frac{m_1 R_1 + m_2 R_2 + m_3 R_3}{m_1 + m_2 + m_3}$$

⑭ 열기관의 열효율

$$\eta = \frac{\Delta Wa}{Q_H} = \frac{Q_H - Q_L}{Q_H} = 1 - \frac{T_L}{T_H}$$

⑮ 냉동기의 성능 계수

$$\varepsilon_r = \frac{Q_L}{W_C} = \frac{Q_L}{Q_H - Q_L} = \frac{T_L}{T_H - T_L}$$

⑯ 열펌프의 성능 계수

$$\varepsilon_H = \frac{Q_H}{W_a} = \frac{Q_H}{Q_H - Q_L} = \frac{T_H}{T_H - T_L} = 1 + \varepsilon_r$$

⑰ 엔트로피

$$ds = \frac{\delta Q}{T} = \frac{mcdT}{T}$$

⑱ 엔트로피 변화

$$\Delta S = C_V \ln \frac{T_2}{T_1} + R \ln \frac{V_2}{V_1} = C_P \ln \frac{T_2}{T_1} - R \ln \frac{P_2}{P_1} = C_P \ln \frac{V_2}{V_1} + C_V \ln \frac{P_2}{P_1}$$

⑲ 습증기의 상태량 공식

$$v_x = v' + x(v'' - v')$$
$$s_x = s' + x(s'' - s')$$

$$h_x = h' + x(h'' - h')$$
$$u_x = u' + x(u'' - u')$$

건도 $x = \dfrac{\text{습증기의 중량}}{\text{전체 중량}}$

(v', h', s', u': 포화액의 상대값, v'', h'', s'', u'': 건포화 증기의 상태값)

⑳ 증발 잠열(잠열)

$$\gamma = h'' - h' = (u'' - u') + P(u'' - u')$$

㉑ 고위 발열량

$$H_h = 8,100\,\text{C} + 34,000(\text{H} - \frac{\text{O}}{8}) + 2,500\,\text{S}$$

㉒ 저위 발열량

$$H_c = 8,100\,\text{C} - 29,000(\text{H} - \frac{\text{O}}{8}) + 2,500\,\text{S} - 600W = H_h - 600(9\text{H} + W)$$

㉓ 노즐에서의 출구 속도

$$V_2 = \sqrt{2g(h_1 - h_2)} = \sqrt{h_1 - h_2}$$

❖ 상태 변화 관련 공식

변화	정적 변화	정압 변화	정온 변화	단열 변화	폴리트로픽 변화
p, v, T 관계	$v=C,$ $dv=0,$ $\dfrac{P_1}{T_1}=\dfrac{P_2}{T_2}$	$P=C,$ $dP=0,$ $\dfrac{v_1}{T_1}=\dfrac{v_2}{T_2}$	$T=C,$ $dT=0,$ $Pv=P_1v_1$ $=P_2v_2$	$Pv^k=c,$ $\dfrac{T_2}{T_1}=\left(\dfrac{v_1}{v_2}\right)^{k-1}$ $=\left(\dfrac{P_2}{P_1}\right)^{\frac{k-1}{k}}$	$Pv^n=c,$ $\dfrac{T_2}{T_1}=\left(\dfrac{v_1}{v_2}\right)^{n-1}$
(절대일) 외부에 하는 일 $_1\omega_2$ $=\int pdv$	0	$P(v_2-v_1)$ $=R(T_2-T_1)$	$P_1v_1\ln\dfrac{v_2}{v_1}$ $=P_1v_1\ln\dfrac{P_1}{P_2}$ $=RT\ln\dfrac{v_2}{v_1}$ $=RT\ln\dfrac{P_1}{P_2}$	$\dfrac{1}{k-1}(P_1v_1-P_2v_2)$ $=\dfrac{RT_1}{k-1}\left(1-\dfrac{T_2}{T_1}\right)$ $=\dfrac{RT_1}{k-1}$ $\left[\left(1-\dfrac{v_1}{v_2}\right)^{k-1}\right]$ $=C_v(T_1-T_2)$	$\dfrac{1}{n-1}(P_1v_1-P_2v_2)$ $=\dfrac{P_1v_1}{n-1}\left(1-\dfrac{T_2}{T_1}\right)$ $=\dfrac{R}{n-1}(T_1-T_2)$
공업일 (압축일) $\omega_1=$ $-\int vdp$	$v(P_1-P_2)$ $=R(T_1-T_2)$	0	ω_{12}	$k_1\omega_2$	$n_1\omega_2$
내부 에너지의 변화 u_2-u_1	$C_v(T_2-T_1)$ $=\dfrac{R}{k-1}(T_2-T_1)$ $=\dfrac{v}{k-1}(P_2-P_1)$	$C_v(T_2-T_1)$ $=\dfrac{P}{k-1}(v_2-v_1)$	0	$C_v(T_2-T_1)$ $=-_1W_2$	$-\dfrac{(n-1)}{k-1}{_1}W_2$
엔탈피의 변화 h_2-h_1	$C_p(T_2-T_1)$ $=\dfrac{kR}{k-1}(T_2-T_1)$ $=\dfrac{kv}{k-1}(P_2-P_1)$ $=k(u_2-u_1)$	$C_p(T_2-T_1)$ $=\dfrac{kR}{k-1}(T_2-T_1)$ $=\dfrac{kv}{k-1}(P_2-P_1)$	0	$C_p(T_2-T_1)$ $=-W_t$ $=-k_1W_2$ $=k(u_2-u_1)$	$-\dfrac{(n-1)}{k-1}{_1}W_2$
외부에서 얻은 열 $_1q_2$	u_2-u_1	h_2-h_1	$_1W_2-W_t$	0	$C_n(T_2-T_1)$
n	∞	0	1	k	$-\infty$에서 $+\infty$

변화	정적 변화	정압 변화	정온 변화	단열 변화	폴리트로픽 변화
비열 C	C_v	C_p	∞	0	$C_n = C_v \dfrac{n-k}{n-1}$
엔트로피의 변화 $s_2 - s_1$	$C_v \ln \dfrac{T_2}{T_1}$ $= C_v \ln \dfrac{P_2}{P_1}$	$C_p \ln \dfrac{T_2}{T_1}$ $= C_p \ln \dfrac{v_2}{v_1}$	$R \ln \dfrac{v_2}{v_1}$	0	$C_n \ln \dfrac{T_2}{T_1}$ $= C_v \dfrac{n-k}{n} \ln \dfrac{P_2}{P_1}$

❖ 열역학 사이클

1. 카르노 사이클 = 가역 이상 열기관 사이클

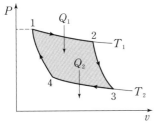
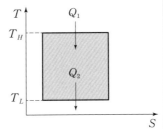

카르노 사이클의 효율
$$\eta_c = \frac{W_a}{Q_H} = \frac{Q_H - Q_L}{Q_H}$$
$$= \frac{T_H - T_L}{T_H} = 1 - \frac{T_L}{T_H}$$

2. 랭킨 사이클 = 증기 원동소 사이클의 기본 사이클

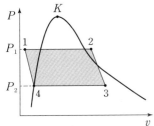
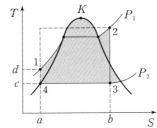

랭킨 사이클의 효율
$$\eta_R = \frac{W_a}{Q_H} = \frac{W_T - W_P}{Q_H}$$
터빈일 $W_T = h_2 - h_3$
펌프일 $W_P = h_1 - h_4$
보일러 공급 열량 $Q_H = h_2 - h_1$

3. 재열 사이클

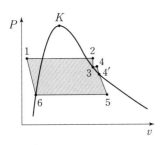
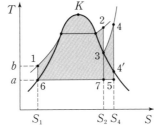

재열 사이클의 효율
$$\eta_R = \frac{W_a}{Q_H + Q_R} = \frac{W_{T_1} + W_{T_2} - W_P}{Q_H + Q_R}$$
터빈1의 일 $= h_2 - h_3$
터빈2의 일 $= h_4 - h_5$
펌프의 일 $= h_1 - h_6$
보일러 공급 열량 $Q_H = h_2 - h_1$
재열기 공급 열량 $Q_R = h_4 - h_3$

4. 오토 사이클 = 정적 사이클 = 가솔린 기관의 기본 사이클

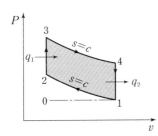
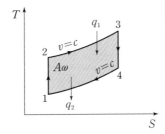

$$\eta_O = \frac{q_1 - q_2}{q_1} = 1 - \frac{q_2}{q_1}$$
$$= 1 - \frac{C_v(T_4 - T_1)}{C_v(T_3 - T_2)}$$
$$= 1 - \left(\frac{1}{\varepsilon}\right)^{k-1}$$
압축비 $\varepsilon = \dfrac{\text{실린더 체적}}{\text{연료실 체적}}$

5. 디젤 사이클 = 정압 사이클 = 저중속 디젤 기관의 기본 사이클

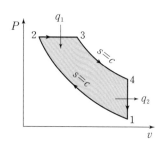 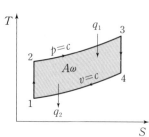

$$\eta_O=\frac{q_1-q_2}{q_1}=1-\frac{q_2}{q_1}$$

$$=1-\frac{C_v(T_4-T_1)}{C_P(T_3-T_2)}$$

$$=1-\left(\frac{1}{\varepsilon}\right)^{k-1}\frac{\sigma^k-1}{k(\sigma-1)}$$

체절비 $\sigma=\dfrac{V_3}{V_2}$

6. 사바테 사이클 = 복합 사이클 = 고속 디젤 사이클의 기본 사이클

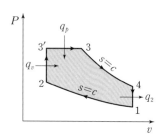 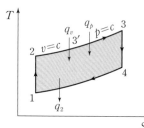

사바테 사이클의 효율

$$\eta_S=\frac{q_p+q_v-q_v}{q_p+q_v}$$

$$=1-\frac{q_v}{q_p+q_v}$$

$$=1-\frac{C_v(T_4-T_1)}{C_P(T_3-T_3')+C_V(T_3'-T_2)}$$

$$=1-\left(\frac{1}{\varepsilon}\right)^{k-1}\frac{\rho\sigma^k-1}{(\rho-1)+k\rho(\sigma-1)}$$

7. 브레이튼 사이클 = 가스 터빈의 기본 사이클

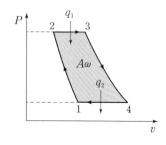 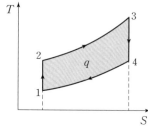

$$\eta_B=\frac{q_1-q_2}{q_1}$$

$$=\frac{C_P(T_3-T_2)-C_P(T_4-T_1)}{C_P(T_3-T_2)}$$

$$=1-\left(\frac{1}{\rho}\right)^{\frac{k-1}{k}}$$

압력 상승비 $\rho=\dfrac{P_{\max}}{P_{\min}}$

8. 증기 냉동 사이클

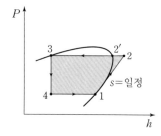 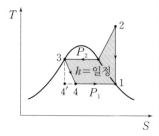

$$\eta_R=\frac{Q_L}{W_a}=\frac{Q_L}{Q_H-Q_L}$$

$$=\frac{(h_1-h_4)}{(h_2-h_3)-(h_1-h_4)}$$

(Q_L: 저열원에서 흡수한 열량)

냉동 능력 $1\,\text{RT}=3.86\,\text{kW}$

3 유체역학 공식

① 뉴턴의 운동 방정식

$$F = ma = m\frac{dv}{dt} = \rho Q v$$

② 비체적(v)

단위 질량당 체적 $v = \dfrac{V}{M} = \dfrac{1}{\rho}$

단위 중량당 체적 $v = \dfrac{V}{W} = \dfrac{1}{\gamma}$

③ 밀도(ρ), 비중량(γ)

밀도 $\rho = \dfrac{M(\text{질량})}{V(\text{체적})}$

비중량 $\gamma = \dfrac{W(\text{무게})}{V(\text{체적})}$

④ 비중(S)

$$S = \frac{\gamma}{\gamma_\omega},\ \gamma_\omega = \frac{1,000\ \text{kgf}}{\text{m}^3} = \frac{9,800\ \text{N}}{\text{m}^3}$$

⑤ 뉴턴의 점성 법칙

$$F = \mu\frac{uA}{h},\ \frac{F}{A} = \tau = \mu\frac{du}{dy}\ (u: \text{속도}, \mu: \text{점성 계수})$$

⑥ 점성계수(μ)

$$1\text{Poise} = \frac{1\ \text{dyne} \cdot \text{sec}}{\text{cm}^2} = \frac{1\ \text{g}}{\text{cm} \cdot \text{s}} = \frac{1}{10}\ \text{Pa} \cdot \text{s}$$

⑦ 동점성계수(ν)

$$\nu = \frac{\mu}{\rho}\ (1\ \text{stoke} = 1\ \text{cm}^2/\text{s})$$

⑧ 체적 탄성 계수

$$K = \frac{\Delta p}{\dfrac{\Delta v}{v}} = \frac{\Delta p}{\dfrac{\Delta r}{r}} = \frac{1}{\beta} \ (\beta: \text{압축률})$$

⑨ 표면 장력

$$\sigma = \frac{\Delta P d}{4} \ (\Delta P: \text{압력 차이}, \ d: \text{직경})$$

⑩ 모세관 현상에 의한 액면 상승 높이

$$h = \frac{4\sigma \cos \beta}{\gamma d} \ (\sigma: \text{표면 장력}, \ \beta: \text{접촉각})$$

⑪ 정지 유체 내의 압력

$$P = \gamma h \ (\gamma: \text{유체의 비중량}, \ h: \text{유체의 깊이})$$

⑫ 파스칼의 원리

$$\frac{F_1}{A_1} = \frac{F_2}{A_2} \ (P_1 = P_2)$$

⑬ 압력의 종류

$$P_{\text{abs}} = P_O + P_G = P_O - P_V = P_O(1-x)$$
$(x: \text{진공도}, \ P_{\text{abs}}: \text{절대 압력}, \ P_O: \text{국소 대기압}, \ P_G: \text{게이지압}, \ P_V: \text{진공압})$

⑭ 압력의 단위

$1 \, \text{atm} = 760 \, \text{mmHg} = 10.332 \, \text{mAq} = 1.0332 \, \text{kgf/cm}^2 = 101,325 \, \text{Pa} = 1.0132 \, \text{bar}$

⑮ 경사면에 작용하는 유체의 전압력, 전압력이 작용하는 위치

$$F = \gamma \overline{H} A, \ y_F = \overline{y} + \frac{I_G}{A\overline{y}}$$

$(\gamma: \text{비중량}, \ H: \text{수문의 도심까지의 수심}, \ \overline{y}: \text{수문의 도심까지의 거리}, \ A: \text{수문의 면적})$

⑯ 부력

$F_B = \gamma V$ (γ: 유체의 비중량, V: 잠겨진 유체의 체적)

⑰ 연직 등가속도 운동을 받을 때

$P_1 - P_2 = \gamma h\left(1 + \dfrac{a_y}{g}\right)$

⑱ 수평 등가속도 운동을 받을 때

$\tan\theta = \dfrac{a_x}{g}$

⑲ 등속 각속도 운동을 받을 때

$\Delta H = \dfrac{V_0^2}{2g}$ (V_0: 바깥 부분의 원주 속도)

⑳ 유선의 방정식

$v = ui + vj + wk \qquad ds = dxi + dyj + dzk$

$v \times ds = 0 \qquad\qquad \dfrac{dx}{u} = \dfrac{dy}{u} = \dfrac{dz}{w}$

㉑ 체적 유량

$Q = A_1 V_1 = A_2 V_2$

㉒ 질량 유량

$\dot{M} = \rho A V = \text{Const}$ (ρ: 밀도, A: 단면적, V: 유속)

㉓ 중량 유량

$\dot{G} = \gamma A V = \text{Const}$ (γ: 비중량, A: 단면적, V: 유속)

㉔ 1차원 연속 방정식의 미분형

$\dfrac{d\rho}{\rho} + \dfrac{dv}{v} + \dfrac{dA}{A} = 0$ 또는 $d(\rho A V) = 0$

㉕ 3차원 연속 방정식

$$\frac{\partial u}{\partial x}+\frac{\partial v}{\partial y}+\frac{\partial w}{\partial z}=0$$

㉖ 오일러 방정식

$$\frac{dP}{\rho}+VdV+gdz=0$$

㉗ 베르누이 방정식

$$\frac{P}{\gamma}+\frac{v^2}{2g}+z=H$$

㉘ 높이 차가 H인 구멍 부분의 속도

$$v=\sqrt{2gH}$$

㉙ 피토 관을 이용한 유속 측정

$$v=\sqrt{2g\varDelta H}\ (\varDelta H: \text{피토관을 올라온 높이})$$

㉚ 피토 정압관을 이용한 유속 측정

$$V=\sqrt{2g\varDelta H\left(\frac{S_0-S}{S}\right)}\ (S_0: \text{액주계 내의 비중},\ S: \text{관 내의 비중})$$

㉛ 운동량 방정식

$$Fdt=m(V_2-V_1)\ (Fdt: \text{역적},\ mV: \text{운동량})$$

㉜ 수직 평판이 받는 힘

$$F_x=\rho Q(V-u)\ (V: \text{분류의 속도},\ u: \text{날개의 속도})$$

㉝ 고정 날개가 받는 힘

$$F_x=\rho QV(1-\cos\theta),\ F_y=-\rho QV\sin\theta$$

㉞ 이동 날개가 받는 힘

$F_x = \rho QV(1-\cos\theta)$, $F_y = -\rho QV\sin\theta$

㉟ 프로펠러 추력

$F = \rho Q(V_4 - V_1)$ (V_4: 유출 속도, V_1: 유입 속도)

㊱ 프로펠러의 효율

$$\eta = \frac{\text{출력}}{\text{입력}} = \frac{\rho QV_1}{\rho QV} = \frac{V_1}{V}$$

㊲ 프로펠러를 통과하는 평균 속도

$$V = \frac{V_4 + V_1}{2}$$

㊳ 탱크에 달려 있는 노즐에 의한 추진력

$F = \rho QV = PAV^2 = \rho A2gh = 2Ah\gamma$

㊴ 로켓 추진력

$F = \rho QV$

㊵ 제트 추진력

$F = \rho_2 Q_2 V_2 - \rho_1 Q_1 V_1 = \dot{M}_2 V_2 - \dot{M}_1 V_1$

㊶ 원관에서의 레이놀드 수

$Re = \dfrac{\rho VD}{\mu} = \dfrac{VD}{\nu}$ (2,100 이하: 층류, 4,000 이상: 난류)

㊷ 수평 원관에서의 층류 운동

유량 $Q = \dfrac{\Delta P \pi D^4}{128\mu L}$ (ΔP: 압력 강하, μ: 점성, L: 길이, D: 직경)

㊸ 층류 유동일 때의 경계층 두께

$$\delta=\frac{5x}{\sqrt{Re}}$$

㊹ 동압에 의한 항력

$$D=C_D\frac{\gamma V^2}{2g}A=C_D\times\frac{\rho V^2}{2}A$$ (C_D: 항력 계수)

㊺ 동압에 의한 양력

$$L=C_L\frac{\gamma V^2}{2g}A=C_L\times\frac{\rho V^2}{2}A$$ (C_L: 양력 계수)

㊻ 스토크 법칙에서의 항력

$D=6R\mu V\pi$ (R: 구의 반지름, V: 속도, μ: 점성 계수)

㊼ 층류 유동에서의 관 마찰 계수

$$f=\frac{64}{Re}$$

㊽ 원형관 속의 손실 수두

$$H_L=f\frac{l}{d}\times\frac{V^2}{2g}$$ (f: 관 마찰 계수, l: 관의 길이, d: 관의 직경)

㊾ 수력 반경

$$R_h=\frac{A(\text{유동 단면적})}{P(\text{접수 길이})}=\frac{d}{4}$$

㊿ 비원형관에서의 손실 수두

$$H_L=f\times\frac{l}{4R_h}\times\frac{V^2}{2g}$$

(51) 버킹햄의 π정리

$\pi=n-m$ (π: 독립 무차원 수, n: 물리량 수, m: 기본 차수)

㉒ 최량수로 단면

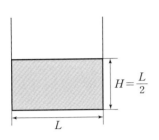 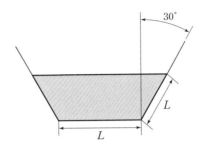

㉢ 부차적 손실 수두

돌연 확대관의 손실 수두 $H_L = \dfrac{(V_1 - V_2)^2}{2g}$

돌연 축소관의 손실 수두 $H_L = \dfrac{V_2^2}{2g}\left(\dfrac{1}{C_c} - 1\right)^2$

관 부속품의 손실 수두 $H_L = K\dfrac{V^2}{2g}$

(K: 관 부속품의 부차적 손실 계수, C_c: 수축 계수)

㉤ 음속

$a = \sqrt{kRT}$ (k: 비열비, R: 기체상수, T: 절대온도)

㉥ 마하각

$\sin\phi = \dfrac{1}{Ma}$ (Ma: 마하 수)

❖ 단위계

	구분	거리	질량	시간	힘	동력
절대 단위	MKS	m	kg	sec	N	$1\mathrm{kW}=102\,\mathrm{kgf\cdot m/s}$
	CGS	cm	g	sec	dyne	W
중력 단위계	공학 단위계	m cm mm	$\dfrac{1}{9.8}\,\mathrm{kgf\cdot s^2/m}$	sec min	kgf	$1\,\mathrm{PS}=75\,\mathrm{kgf\cdot m/s}$

❖ 무차원 수

명칭	정의	물리적 의미	적용 범위
레이놀드 수	$Re=\dfrac{\rho V L}{\mu}$	관성력 점성력	• 점성이 고려되는 유동의 상사 법칙 • 관 속의 흐름, 비행기의 양력·항력, 잠수함
프라우드 수	$F_r=\dfrac{L}{\sqrt{Lg}}$	관성력 중력	• 자유 표면을 갖는 유동(댐) • 개수로 수면 위 배 조파 저항
웨버 수	$W_e=\dfrac{\rho LV^2}{\sigma}$	관성력 표면장력	표면장력에 관계되는 상사 법칙 적용
마하 수	$Ma=\dfrac{V}{C}$	속도 음속	풍동 문제, 유체 기체
코시 수	$Co=\dfrac{\rho V^2}{K}$	관성력 탄성력	—
오일러 수	$Eu=\dfrac{\Delta P}{\rho V^2}$	압축력 관성력	압축력이 고려되는 유동의 상사 법칙
압력 계수	$P=\dfrac{\Delta P}{\rho V^2/2}$	정압 동압	—

❖ 유체 계측

비중량 측정	비중병, 비중계, u자관
점성 측정	낙구식 점도계, 맥미첼 점도계, 스토머 점도계, 오스트발트 점도계, 세이볼트 점도계
정압 측정	피에조미터, 정압관
유속 측정	피트우트관−정압관 $V = C_v \sqrt{2gR\left(\dfrac{S_o}{S} - 1\right)}$ 시차 액주계, 열선 풍속계
유량 측정	벤츄리미터, 노즐, 오리피스, 로타미터 사각 위어 $Q = kH^{\frac{3}{2}}$ 삼각 위어$=V$, 놋치 위어 $Q = kH^{\frac{5}{2}}$

공기업 기계직 기출변형문제집

기계의 진리 06

2021. 1. 14. 초 판 1쇄 발행
2022. 5. 13. 초 판 2쇄 발행

지은이 | 공기업 기계직 전공필기 연구소
펴낸이 | 이종춘
펴낸곳 | **BM** ㈜도서출판 **성안당**

주소 | 04032 서울시 마포구 양화로 127 첨단빌딩 3층(출판기획 R&D 센터)
     | 10881 경기도 파주시 문발로 112 파주 출판 문화도시(제작 및 물류)

전화 | 02) 3142-0036
     | 031) 950-6300

팩스 | 031) 955-0510
등록 | 1973. 2. 1. 제406-2005-000046호
출판사 홈페이지 | **www.cyber.co.kr**
ISBN | 978-89-315-9112-5 (13550)
정가 | 19,000원

이 책을 만든 사람들
기획 | 최옥현
진행 | 이희영
교정·교열 | 류지은
본문 디자인 | 파워기획
표지 디자인 | 박현정
홍보 | 김계향, 이보람, 유미나, 서세원, 이준영
국제부 | 이선민, 조혜란, 권수경
마케팅 | 구본철, 차정욱, 오영일, 나진호, 이동후, 강호묵
마케팅 지원 | 장상범, 박지연
제작 | 김유석